教子有方系列

养育高财商孩子：
不仅关乎钱

Bring up Money Smart Kids

[新加坡] 邱缘安 Adam Khoo
[新加坡] 朱福权 Keon Chee ◎著

陈珊珊 ◎译

上海教育出版社
SHANGHAI EDUCATIONAL PUBLISHING HOUSE

献给我的妻子，
世界上最有奉献精神的妈妈！
———邱缘安

献给我的母亲和父亲，
是你们教会我去爱，微笑面对每一天。
———朱福权

序言

在新加坡这样一个充满活力和竞争的经济体里,理财素养显得极为重要,尽管对门外汉来说,这一素养并不容易养成。父母们每天都面临着一大堆经济方面的选择。哪种选择对孩子最有利呢?

当一双质优却非名牌的鞋子摆在面前时,家长会选择买名牌吗?是应该给孩子发放零花钱,还是应该在他们完成家务活后发工资?当您家孩子的朋友和同学看上去比他拥有更多物质时,您如何让孩子依然保持一颗感恩的心?

邱缘安(Adam Khoo)和朱福权(Keon Chee)基于各自经历完成的这本书,对我们读者而言是个福音。《养育高财商孩子:不仅关乎钱》给所有父母,不论已婚还是离异,也不论贫穷还是富有,在如何养育高财商孩子方面提供了切实的指导。

本书还涉及家长们可能会忽略的一些领域,比如教导孩子给予和分享的重要性,如何处理突发事件譬如死亡和重病,如何将遗产留给子女却不会打消他们工作的热情,以及如何将家长认为重要的家庭价值观传递下去。

作者们的生活经历和个人故事都是无价的,因为真实的生活故事远胜过一切理论和教科书。

每位家长都应该好好阅读这本书。

詹姆斯·西姆(James Sim)

新加坡理财师协会前任会长

前言

《养育高财商孩子:不仅关乎钱》适合5—18岁孩子的父母和抚育者阅读。不管是幼儿园孩子的父母,还是十几岁青少年的父母,都可以从本书中受益。在我们所处的这个时代,个人时间越来越少,可支配的金钱却越来越多,父母们都面临着培养孩子财商、指导孩子管理金钱的挑战。

《养育高财商孩子:不仅关乎钱》是一本父母写给父母读的书。邱缘安和朱福权两位作者不仅为人父,而且是财富方面的专家,平常会为孩子们提供金钱管理方面的常规课程。

邱缘安

邱缘安是邱缘安求知科技有限公司的执行总裁。通过自身的努力,他在26岁就成为百万富翁,33岁达到财务自由。邱缘安在新加坡、马来西亚、印度尼西亚和越南著名的财富学院教授个人金融管理和投资课程。

邱缘安还为孩子和父母们提供个人发展、学识以及生活技能方面的培训课程。在过去的21年里,他和7个国家的50多万名年轻人打过交道。邱缘安在新加坡120多所学校、亚洲地区的部分国际学校和邱缘安学习中心教授这些广受欢迎的课程。理财素养已经成为21世纪个人学习能力不可或缺的一部分,他将这些当成个人整体教育的一部分教给年轻人。

邱缘安有两个女儿,10岁的凯莉和8岁的萨曼莎。他为她们能认识金钱的价值而感到自豪。一次,凯莉在反斗乐城挑选自己的生日礼物,相中了一个布娃娃,但她看了看标签之后,说:"这太贵了,不值这个钱。"邱缘安为此骄傲不已。

邱缘安希望达到的目标

他希望通过阅读本书,父母们能知道如何培养有理财意识的高财商孩子。在日常工作中,他目睹了太多的父母宠溺孩子,不经意间让孩子养成了坏的理财习惯。举例来说,父母们会给孩子买任何他们想要的,会花上好几千新加坡元(以下简称"新元")①为孩子办生日宴会,目的不过是引起朋友们的关注和艳羡。孩子长大后也许会有漂亮的成绩和报酬不菲的工作,但是如果他们养成了大手大脚花钱的习惯,待到成年以后,他们也许会一直为钱所困,甚至负债累累。

衔着金汤匙出生对一个孩子未来的发展有利有弊。出生在名门望族的优势自不待言,但如果孩子很容易被满足的话,会容易缺

---

① 本书作者为新加坡人,书中所用货币单位为新加坡元(简称"新元")。为方便阅读,本书保留使用该货币单位。新加坡元对人民币汇率是动态变化的,2018年7月31日,1新加坡元=5.012 1元人民币。——译者注

乏个人的驱动力,也会养成错误的金钱观。俗话说得好:"第一代创造财富,第二代享用财富,第三代毁灭财富。"如果孩子从未有过为金钱而努力奋斗的经历,那他们将无法培养起坚持到底、不屈不挠和自我激励等优秀品质来赢得自己的财富和成功。这就是很多有钱的大亨都坚持让他们的孩子自己挣钱支付大学学费的缘故,虽然他们其实可以很轻松地帮孩子解决这个问题。他们意识到,短期来看他们这样做好像是在帮孩子,但从长远来看,实际上是害了孩子。最近有报道说大卫·贝克汉姆(David Beckham,著名球星)15岁的儿子布鲁克林·贝克汉姆(Brooklyn Beckham)在伦敦西的一家咖啡店打工,一小时挣2.68英镑。他们鼓励孩子通过兼职赚钱来支付自己的日常开销,意在让孩子懂得辛勤劳动的重要性和金钱的价值。

毁灭孩子对成功和金钱之渴望的最有效方式,就是他们要什么就给什么。

朱福权

朱福权在一家专业从事遗嘱、信托和公司服务的遗产规划公司工作。他坚定地认为,每个人都应该是终身学习者。从哥伦比亚大学毕业后,他在金融领域工作多年。在53岁这个知天命的年纪,他还在伦敦大学获得了法学学位。39岁时,为了鼓励女儿萨拉学小提琴,他开始学钢琴,经过一番努力,他考过了钢琴7级。

萨拉21岁(2015年)了,在亚利桑那州立大学学习时尚营销管理和音乐。萨拉一直非常体贴周到——虽然她有奖学金,却一直坚持在学校咖啡厅做侍者,还在梅西百货做导购小姐,赚钱支付自己平时的开销,这让朱福权倍感自豪。

朱福权希望达到的目标

孩子们需要知道舒适的生活需要足够的金钱支撑。生活在随时担心破产的恐惧之中是很不好受的。每个人,包括父母们,只要能掌握好储蓄、投资和借贷这些重要的金钱管理课程,就都能在财务方面取得成功。其次,每天孩子们都需要练习表达感恩,不论是给予方还是接受方。相对于过上安逸的生活,懂得感恩是一个更高的目标,它能保证人过上幸福且有意义的生活。

用简明实用的方式写作

没有人喜欢同啰唆的人打交道。他们不断重复自己的言论,让听众生厌。我们希望给大家一些简单实用的建议,以便不需要花费大量精力就能做到。时间有限的父母总是希望有想法就立马付诸行动。本书会教给你一些简单却很重要的金钱管理习惯,如果执行得好,就有助于你的孩子将来获得财务上的成功。

目录

第一章　不仅关乎钱 ... 1
　父母需要更多指导 ... 1
　糟糕的消费习惯很致命 ... 1
　你有没有在子女身上过度投资? ... 2
　　少花点钱在孩子身上并不是犯罪 ... 2
　　要相信自己能成为一名称职的金钱导师 ... 3
　　从积极态度开始 ... 4
　　小测验 ... 5
第二章　零花钱 ... 13
　为什么要发放零花钱? ... 14
　　什么时候开始发放零花钱? ... 14
　　零花钱应该用在什么地方? ... 15
　　应该发放多少零花钱? ... 16
　　应该把零花钱和家务活捆绑在一起吗? ... 18
　　如果你坚持认为零花钱应该和家务活捆绑在一起 ... 18
　　每年要重新审核零花钱的额度 ... 20
　　小测验 ... 23

结语	29
第三章　预算	30
预算——要在储蓄、消费和分享之前考虑	30
孩子(包括成年人)通常都不喜欢做预算	31
需求 vs.欲望	34
机会成本	36
全年预算	37
4—7 岁	38
8—12 岁	38
13—18 岁	38
小测验	39
结语	41
第四章　储蓄	42
把储蓄当作吃甜点	42
从设定短期储蓄目标开始	43
第一步——设定储蓄目标	44
第二步——先储蓄后消费	45
在储蓄罐上贴张图片	45
对储蓄行为进行奖励	45
拥有你自己的储蓄罐	45
为了多存点钱而节省	46
第三步——花掉储蓄	46

长期储蓄	47
从小猪储钱罐开始	47
去银行开一个储蓄账户	49
解释利率的概念	50
小测验	51
结语	54

第五章 消费 55

最重要的金钱概念 55
量入为出 56
让孩子早犯错误 56
监管零花钱是怎么花掉的 58

通过日常记录监管消费 59
过度消费（无计划的购买行为） 60
让孩子成为有预算的消费者 60
主持一场玩具交换活动 60

无计划购买行为的冷静期 62
让他们自己承担选择的后果 62
小测验 63
结语 65

第六章 分享与给予 66

分享是快乐人生的秘诀 66
分享是真正的幸福的一部分 67

给予是要有理由的	67
"我没有足够的钱去分享！"	68

给予不仅关乎金钱 69

培养一颗愿意真诚给予的心 71

给予应该是定期的	72
给予要建立在孩子愿意的基础上	73
给予要真诚，发自内心	73
让孩子决定把东西送给谁	74

小测验 75

结语 79

第七章 其他收入 80

通过自己的努力挣钱 81

什么时候孩子可以开始挣钱？	81
为工作而准备	82
在家挣钱	84
在社区附近挣钱	86
利用自身的技能挣钱	87
孩子通过自己的努力挣钱会学到什么	87

通过投资挣钱 87

向孩子解释什么是投资	88
解释为什么投资是有效的	89
什么时候公司需要筹集资金	89

拥有股票	90
拥有债券	90
开始投资	91
做一个成功的投资人	93
通过投资挣钱孩子学会了什么	94
小测验	95

第八章 感恩 100

孩子是怎样表现出不懂得感恩的 101
感恩带来快乐 102
教导孩子懂得感恩 103

教导孩子懂得感恩的过程中不要做的事情	103
让孩子参与到家务劳动中来,并且完成它	105
教会他们看到不喜欢的人的闪光之处	106
遇到生日和特殊节日,发放"父母优惠券"	107

怀着感恩的心接受别人的夸赞 107

受夸赞时应该做的	108
受夸赞时不应该做的	108

小测验 109
结语 111

第九章 上大学 113

为大学学费储蓄和做准备 113

为大学学费投资	114

支付大学费用	115
为什么父母不应该考虑全额付清大学的费用	115
分摊大学费用的账单	116
孩子为自己的大学学费存钱	118
孩子在上大学之前需要掌握的三个重要技能	**120**
做预算	120
会烧饭	120
学会和室友相处	121
小测验	**123**
结语	**125**

第十章　为意外做准备　126

应对离婚	**127**
离婚后也要规划好	**130**
统一口径	131
孩子需要什么	**132**
制订计划	**134**
处理财务突发事件	**135**
做好准备	135
倒霉事只会落到别人头上	136
当意外发生	137
和死神打交道	**138**

和孩子谈论死亡 　　　　　　　　　　　　138

　　孩子对待死亡的态度不是千篇一律的　　139

　小测验　　　　　　　　　　　　　　　　142

第十一章　留下一份有意义的遗产　　　　143

　和被宠坏的孩子打交道　　　　　　　　　144

　孩子希望父母有父母的样子　　　　　　　147

　如果没有遗产计划，该怎么办？　　　　　148

　遗产规划的基本操作　　　　　　　　　　150

　　你未来如何照料好你的孩子　　　　　　150

　　把你的遗嘱解释给孩子听　　　　　　　151

　延迟的分配考虑信托　　　　　　　　　　152

　共同起草一份最初的遗产规划　　　　　　153

　　拿出一张纸和一支笔　　　　　　　　　153

　小测验　　　　　　　　　　　　　　　　156

　结语　　　　　　　　　　　　　　　　　157

第一章

不仅关乎钱

父母需要更多指导

相比我们的孩童时代,如今的孩子有更多零花钱,花钱的压力也随之而来。大部分家长得上班,繁重的家务和工作占据了大量时间。生活在光阴似金、钱却贬值的年代,父母们比以往任何时候都需要指导,以负责任的态度告诉孩子们应该如何对待金钱。

糟糕的消费习惯很致命

金钱不可或缺,但也会给人带来困惑和伤害。人们为了吃饱穿暖挣钱,抑或为了将来所需而存钱或投资。可如今的孩子,无论是来自富裕家庭还是中产家庭,都不必为钱担忧,他们不用赚钱来补贴父母,也不用为了上大学挣学费。他们花钱大手大脚,还会把这些坏习惯带到成年期,有时候后果会很糟糕。这些孩子即便成人了,也无法管理好自己的钱财。

不少家长自身的消费习惯也很差。他们在孩子身上过度消费,为了把孩子送到大学里,一直工作到老,却忽略了自己终将退休的事实。你绝对不想成为众多到了退休年龄却不敢退休的人之一,也绝不会想成为倒霉蛋父母,因为他们在子女年少时没有帮他们养成好的消费习惯,导致子女在其后的生活中自暴自弃。

你有没有在子女身上过度投资?

让我们从你开始吧!你会让子女超支吗?

* 你会不会一边抱怨孩子的手机费用过高,一边帮他们付掉?
* 你儿子经常会去品尝比雀巢 Milo 贵很多倍的热巧克力吗?
* 你女儿有没有六条以上她从来没有穿过的连衣裙?

你至少需要将收入的 10%—20% 放入退休计划。如果离这个目标有很大差距,这也许说明你在家庭和子女方面的消费过多,给自己留得太少。

少花点钱在孩子身上并不是犯罪

少花点钱在孩子身上并没有错。家长可没那么廉价。这样做其实是非常明智的。

* 在婴儿期和学龄前孩子身上的消费理应精打细算,孩子在这个阶段长得飞快。
* 你可以在 eBay、Gumtree 和 Locanto 网站上找到物美价廉的新玩具和二手玩具。

* 对于任何没有计划的购买行为,都应该说"不"。

当你有意识地少花钱,孩子肯定会叫嚷反对,虽然"不"字很难对孩子说出口,但绝不要动摇。最终,孩子会感激你的教导,同时你也能享受到相对宽裕舒适的退休生活。

要相信自己能成为一名称职的金钱导师

你是称职的金钱导师吗?一定要对自己有信心。自信是个人成功的基础。当你充满自信时,别人(包括你的子女)也更倾向于信任你。你会去找一个怀疑自己医术的医生看病吗?如果你自己都没有信心,子女会把你当作称职的金钱管理者吗?

如果你不自信,正好可以抓住这个机会和孩子一起学习成长,不论钱多钱少,都要对自己的金钱管理能力有信心。

从积极态度开始

所有时代最伟大的发现,是一个人只要改变态度就能改变未来。

——奥普拉·温弗瑞(Oprah Winfrey)

无论是对金钱还是对工作,都要避免消极思维。消极思维对我们自身、对我们的家庭和婚姻都非常有害,会让原本正常的生活变得糟糕起来。如果你喋喋不休地抱怨工作有多无聊,子女也会对未来的工作无所期待。所以,家长必须积极面对生活,这样子女才会积极效仿。

英国的教育部长伊丽莎白·特拉斯(Elizabeth Truss)曾经警告过那些说"我数学不好"的家长,这种说辞不但对孩子不利,而且从长远来说,对英国的经济前景也非常有害。她认为,必须将这种极具危害性的反数学文化势头扭转过来,这样英国和英国学生才不会被国际上的竞争对手甩得太远。她谴责那些基础数学学得很差劲的成人,他们给孩子们传递了一个危险的信息:数学是无关紧要的。①

表现积极比你想的要容易。如果你没有足够的钱去参观热门景点,那么就多谈谈价格相对合适的旅程的亮点,或者等下次你有足够的闲钱时,全家可以享受一次时间更长的旅行。

小测验

在本章结束前,我们来测试一下你是如何处理孩子们提出的一些典型性问题的。如果你觉有点棘手,要明白不只是你一人会遇到这些问题。孩子们在挑战大人方面都是非常有天赋的。测试一下,看你能得多少分。

1. 你 10 岁的孩子两个多月来一直在努力积攒自己的零花钱,想买一个会侧着走路和打嗝的机器霸王龙。现在他已经存够钱了,想去买一个。你会:

a. 让他去买。

b. 告诉他,他不可以动用自己的积蓄。

c. 说不可以,然后给他提供一本会说话的字典。

d. 给他买一个,这样他可以不动用他的积蓄。

---

① "Parents Who Say 'I Can't Do Maths' Are Harming Pupils and Britain's Economic Prospects, Minster Warns". *Daily Mail*, 3 January 2014.

(a) 3分　(b) 1分　(c) 0分　(d) 0分

如果孩子为买玩具而努力存钱,应当让他去买,这是对他努力的回报。而且,这个玩具是有购买计划的,孩子在两个月前就为此存钱了,更应当让他去买。最糟糕是事先和他商量好了他可以去买,最终却不让他买。

2. 你通常给儿子买 40 新元的牛仔裤。现在他想买一条价值 120 新元的名牌牛仔裤,你会:

　　a. 很干脆地告诉他买条 120 新元的牛仔裤是不可能的。

　　b. 给他 40 新元,告诉他余下的钱自己解决。

　　c. 给他买这条名牌牛仔裤,因为是时候给他买条好裤子了。

　　d. 你还是会给他买 40 新元的牛仔裤,否则他就得凑合着穿旧的。

　　(a) 1分　(b) 3分　(c) 1分　(d) 2分

这是个教导孩子区分需求与欲望的绝佳机会。对孩子来说,一条 40 新元的牛仔裤已经足够舒适了。如果他想要 120 新元的牛仔裤,他应该用自己的积蓄或努力存钱去买。即使他自己有钱,你也可以考虑直接回绝他买 120 新元牛仔裤的要求。年轻人买一些生活必需品譬如牛仔裤应该有个限度。

3. 你 12 岁的孩子拖地会得到零花钱,但她最近不拖地了,你会:

　　a. 停止给零花钱,以示惩罚。

b. 找一个钟点工来拖地。

c. 履行单边协议,继续给她零花钱。

d. 将家务活和零花钱分离开来,不要将两者挂钩。

(a) 0分　(b) 0分　(c) 0分　(d) 3分

孩子需要有固定收入,比如零花钱,他可以从中学到很多基本的金钱管理技能——储蓄、消费和分享。一旦零花钱和家务活挂上钩,如果家务活没干掉,孩子就得不到零花钱,即他无法定期得到零花钱。作为成人,我们知道薪水不规律,计划就会更难执行,我们又怎能苛求孩子呢?

4. 你和女儿在玩具店里,她求你给她买一个凯拉娃娃,一种可以和互联网连接、使用谷歌便可回答问题的玩具,你会:

a. 为了避免出丑买下来。

b. 买下来,但告诉女儿你要从她的零花钱里扣掉这部分钱。

c. 不买,告诉她下次她得用自己的积蓄来买。

d. 让她去表姐妹家先玩玩这种玩具娃娃,以确定她是否真的喜欢。

(a) 0分　(b) 0分　(c) 3分　(d) 3分

如果这是一个没有计划的购买行为,你就不应该买这个娃娃。如果她花两个多月的时间能存下钱来买的话,倒不妨鼓励她这样去做。为了保险起见,可以安排她先玩玩这种玩具娃娃,看看她是否对它一直感兴趣。

5. 8 岁大的艾伦丢了奶奶给的 20 新元,你会:

a. 告诉艾伦有礼貌地再向奶奶要 20 新元。

b. 告诉艾伦以后要更加小心一些。

c. 让她做一个星期额外的家务活来赢得 20 新元。

d. 告诉她应该把钱放进储蓄罐里。

(a) 0 分　(b) 3 分　(c) 1 分　(d) 1 分

公司发了 1 万新元的奖金,你拿到赌场去输得精光。你会因此意识到以后要小心。对艾伦来说,教训是同样的。她不应该要求奶奶同样的礼物给两次,不可以再问奶奶要 20 新元。艾伦可以干一些额外的家务活,但那样可能会对她的家庭作业和她正常的家务活产生一些始料未及的影响。最好的办法就是她从此学会小心行事。

6. 你已经告诉塞缪尔他绝对不可能拥有最新的索尼游戏机,但爷爷突然出现,给他买了一个,你会:

a. 告诉爷爷塞缪尔不能接受这个礼物。

b. 收下礼物,等塞缪尔生日时打开。

c. 把礼物收走,给爷爷和塞缪尔一个教训。

d. 接受礼物,但告诉爷爷以后在买昂贵的礼物之前要和你商量。

(a) 1 分　(b) 2 分　(c) 0 分　(d) 3 分

现在的祖辈大多比以前富有很多,同时也因为溺爱第三代而背负了骂名。他们会在大家都没料到的时间给孩子们送礼物,而

第一章
不仅关乎钱

不会等到一些特别的场合再给,因为大多数祖父母都会沿袭溺爱孙辈的古老传统。你应该一步步地向祖父母们灌输"纪律",告诉他们除非你同意,否则孩子不可以接受昂贵的礼物。如果他们还是买了,就把礼物放好,等到一些特殊的节日场合譬如圣诞节、小孩生日或者他在学校里取得好成绩时拿出来。

7. 9 岁的艾琳去查理舅舅家玩的时候,舅舅给了她 100 新元,你会:

a. 让她随意去花,反正是礼物。

b. 把钱存进她的储钱罐。

c. 让她花掉 20 新元,告诉她其余的钱要存进长期的储蓄账户里。

d. 告诉查理舅舅不要把这么大数目的钱给艾琳。

(a) 0 分　(b) 1 分　(c) 2 分　(d) 3 分

如果查理舅舅给的是 10 新元或者 20 新元,那么艾琳按照自己的心愿花掉是可以的。但 100 新元对一个 9 岁的孩子而言,是一笔巨款,尤其还是一个没有计划的礼物。给孩子 100 新元就如同成年人买彩票中了奖。研究显示,那些不为钱努力工作的人和那些意外得到一笔横财的人的情绪,会从狂喜和兴奋的一端跌落到空虚甚至绝望的一端。① 查理舅舅需要按照你的意愿来给孩子

---

① Robert Pagliarini,"Why Playing the Lottery Is a Good Investment". *Forbes*,17 December,2013.

礼物。当艾琳确实收到这份厚礼,要坚持把大部分的钱存起来。

8. 你的孩子大卫今年 7 岁了,每次生日他总是能得到很多礼物。但打开其中一些礼物后,他就会心生厌倦。你会:

a. 把剩下的礼物捐给慈善机构。

b. 把剩下的礼物放起来,下次再打开。

c. 为了完成任务,把剩下的礼物都打开。

d. 给孩子开一个储蓄账户,告诉亲戚可以为孩子的大学学费做点贡献。

(a) 0 分　(b) 2 分　(c) 1 分　(d) 3 分

如果你喜欢吃虾,你去了一家可以敞开肚皮吃的虾肉自助餐馆,吃了差不多 50 只虾之后,后面的虾的味道就没那么好了。孩子拆开礼物的感觉也是一样的。所以,如果你的孩子收到了 10 份礼物,让他先打开 5 份,剩下的每个星期天打开一份。更好的做法是,为孩子日后上大学开一个储蓄账户,让亲朋好友都为这个账户做点贡献。任何一笔为上大学存的费用,都可以帮助孩子学到如何延迟满足。

9. 你带着 4 岁的辛迪去糖果店,她想要买下所有她放进篮子里的巧克力。你会:

a. 让她挑一个。

b. 离开商店回家。

c. 全都买下来,避免当众出丑。

d. 戴好耳塞,让她去哭闹。

(a) 3分　(b) 2分　(c) 0分　(d) 2分

小孩子乱发脾气对父母来说一点都不好玩,特别是出门在外或去买东西的路上。如果孩子在公众场合不能安静下来,你或许应该离开现场,让孩子平静下来。一旦你答应了她的无理要求,她就学会了通过哭闹来操纵大人。让她选择一个,态度要坚定,只有一块巧克力,别的都不能买。

10. 5岁的马修问如果爸爸妈妈都离开这个世界了,他会怎么样,你会告诉他:

a. 你不会死(他太小了,还不理解什么是死亡)。

b. 他会和玛丽阿姨住在一起(你会指定玛丽阿姨为他的监护人)。

c. 家里有人会照顾他(你和配偶都太年轻,都觉得讨论这个议题为时过早)。

d. 你会同他最喜爱的玛丽阿姨讨论这件事情,让她来照顾他(如果玛丽阿姨同意,你和配偶会在遗嘱里指定她为监护人)。

(a) 1分　(b) 2分　(c) 1分　(d) 3分

从出生到3岁,孩子们对死亡是没有概念的。到了6岁,他们认为死亡是可逆的,就如同睡觉和醒来。孩子们在6—9岁开始对死亡有点理解。① 当孩子们还年幼时,父母需要为两人突然过世的可能性做一些准备。指定一个父母都信任、认可的监护人,不失为双亲都不在世时确保孩子们能得到照顾的好办法。

看看你做得怎么样

0—10 分　　如果继续这样下去的话,你的孩子到 35 岁还会跟你住在一起。

11—25 分　　还不赖,不过还有进步的空间。

26—30 分　　你和你的孩子都在正确的轨道上。快来用本书武装自己,让你管理金钱的技巧更加高超。

---

① Virginia Hughs. "When Do Kids Understand Death?" *National Geographic*, 26 July 2013, http://phenomena.nationalgeographic.com/2013/07/26/when-do-kids-understand-death/.

第二章

零花钱

零花钱＋其他收入＝储蓄＋消费＋分享

为什么要发放零花钱?

每天都给孩子一些固定数目的钱(如 0.5 新元)才算是给零花钱。对他来说,这是一笔固定的收入,他可以去支付一些我们都同意的支出。让孩子拥有一份固定的收入,是孩子能学会管理金钱的唯一办法。通过实践,他能理解一些概念——未雨绸缪、做出消费选择以及与他人分享。给孩子发放零花钱:

* 允许他在成本最小的时候犯错。这有点类似在一个空的停车场练车。孩子花 10 新元买一辆法拉利玩具车固然不是好选择,但比一个成人账户里根本没有 50 万新元,却要花这么多钱去买一辆真车好得多。
* 促使他关心物品的成本,并在众多要购买的物品中做出选择。如果你 10 岁的孩子因为买游戏积点花掉了零花钱,而无法和好朋友一起去看电影,那他下次得到零花钱后就会更加谨慎地用钱。
* 花自己的钱买来的东西会更加珍惜。想想有多少次你满怀感激地接受了礼包赠品,比如钢笔和记事本,最终却随意扔掉,因为你从一开始就压根没想过要用它们。

什么时候开始发放零花钱?

发放零花钱的最佳时间,是你的孩子开始明白钱可以用来买一些他需要的东西,通常在孩子上小学或者 6 岁左右。这时候他不仅在学校开始花钱,而且开始逐渐知道 1 新元到底能买些什么,1 新元是由多少分组成的,10 新元的钞票上印的是谁的头像。

即使孩子已经超过9岁,现在开始发放零花钱也为时不晚。

零花钱应该用在什么地方?

在孩子把所有零花钱都花在买玩具和糖果上之前,要明确地告诉他这些钱应该花在哪些地方,以迫使他规划好支出。你不必规定他零花钱具体应该花在什么上面,但你可以指定零花钱可用在如下三个方面。① 比如每一笔零花钱的分配:

* 70%用于一些常规项目,比如食物、饮料和小吃。
* 20%存起来,将来可以买一些非常规项目,比如小电器和名牌运动鞋。
* 10%用在慈善捐款、家人和朋友的生日礼物上。

---

① 欲知更多信息,请登录网站:www.threejars.com/about-us/users-love。

如果你想购买被大家证明过的好东西,可以试一试屡获大奖的月光宝盒储钱罐。这是一套由三个耐用的储钱盒子组成,配有可移动的亚克力盖子的储钱罐,可用以教会孩子储蓄、消费和分享。

制作你的专属零花钱储存罐

1. 找到三个有盖子的空容器,比如花生酱罐子。

2. 简单清晰地将三个罐子标注为储蓄罐、消费罐和分享罐。

3. 在盖子上开口,钱可以放进去,却没法倒出来。

应该发放多少零花钱?

零花钱的数额应该和孩子的需要相匹配。可以根据以下三点来考量:

* 孩子的年龄。孩子的年龄越大,其零花钱的数额也随之越大。

* 家庭收入。要依据实际情况发放零花钱,即你的家庭能承受多少。

* 零花钱要涵盖哪些支出。如果你要求孩子用零花钱买午饭,那么每星期你给的零花钱就要足够多。如果你除了给他零花钱外还发放午餐费,那么就要少给点零花钱。

给多少零花钱,主要取决于零花钱要支付哪些开支。坐下来和孩子一起列出哪些支出是他要支付的,这些支出加起来就构成了他的零花钱总额。这样,去玩具店和去电影院的矛盾就自然化解了。

邱缘安有话要说

我的两个女儿都还年幼(10 岁和 8 岁),因此我们每天给她们 1.5 新元零花钱。我们对储蓄、消费和分享这三方面应该各占多少比例给出建议。我们要求她们记录每天的消费情况,每晚向我们汇报。有一次,其中一个女儿把那天的零花钱全

> 都用在买巧克力和甜饮料上,却没有买午饭,因此只好接受三天没有零花钱的惩罚。她的零花钱被暂停发放的那几天,我们给她准备了三明治。我和太太就是这样教育孩子面对错误的金钱管理后果的。

应该把零花钱和家务活捆绑在一起吗?

你是否认为孩子作为家庭中的一员应该承担相应的责任?我们也是这样认为的,但零花钱不应该和家务活捆绑在一起。如果将零花钱和家务活联系在一起,一旦家务活没有干完,那么孩子那个星期就没有零花钱了。没有固定收入,想要学会管理金钱是很难的。如果孩子不能定期收到零花钱,这将打乱你教他储蓄、消费和分享的计划。

实际上,如果家务活没干掉,剥夺他的一些权利要比扣掉零花钱更加合适。孩子应该明白,做家务是因为他是家庭中的一员。既然爸爸妈妈做家务没有钱,那凭什么他应该有?

如果你坚持认为零花钱应该和家务活捆绑在一起

一些父母认为零花钱就如同成人的薪水,孩子们干了些家务活,就应当给他们发薪水。如果你也这样认为,那么有一些规则你应该遵守。

把家务活清单(如表1)贴在冰箱上作为提醒,让孩子每做完一件事情就在表格上做个标记(如果孩子还处在学龄前,你可以给他贴一个五角星)。

我总是做这样的梦。每个人都在干家务活,每个人却……很开心。

表1 家务活清单

要干的家务活	星期一	星期二	星期三	星期四	星期五	星期六	星期天
扔垃圾							
摆桌子							
清理桌子							
喂猫							
零花钱（新元）	1	1	0.75	0.5	1	0.75	0.75

> ### 发放零花钱有坏处吗?
>
> 刘易斯·曼德尔(Lewis Mandell)教授认为,发放零花钱有坏处。这位获奖无数的教育家和经济学家研究零花钱五十多年。[①] 他总结说,那些一直无条件地有固定零花钱的孩子总体上对金钱的思考要少很多。他还补充说,那些孩子更容易成为懒汉,因为他们从来不用将工作和金钱联系在一起。
>
> 一些家长不给孩子发零花钱,并不是件坏事。根据曼德尔的发现,那些每次想要买东西,不管是衣服还是午餐,都得张口向父母要钱的孩子,在日后生活中在金钱方面处理得会更好。也许这是因为他们一直被迫去思考钱应该怎么用。

每年要重新审核零花钱的额度

和成人一样,孩子们也总是盼着涨零花钱。也许他们要花钱的地方多了,或者现在的额度已经满足不了他们的需要。

至少每两年审核一次孩子的消费支出。如果他减少开支而去储蓄,一定不要克扣他的零花钱。如果是因为家里经济困难而减少零花钱,就要把这一切事先解释给孩子听,以得到他的理解。

孩子年龄越大,其基本零花钱涵盖的开支应当越多。当孩子

[①] 欲知更多信息,请登录网站:http://lewismandell.com/child_allowances_-_beneficial_or_harmful。

到了青少年阶段,你就应该把他买衣服的钱也列入零花钱范畴。在购置衣服上给孩子一个固定而合理的数目,会提供给孩子另外一个做金钱决策的机会。

邱缘安有话要说

我有幸生在富贵之家,我父亲和叔伯们都住在宽敞的大房子里,开着昂贵的汽车,赚着高达百万新元的年收入。

我目睹了他们享受的财富自由和由此带来的安全感,眼界也变得开阔,开始相信一切皆有成功的可能。在我的大家族里,有人一年赚上百万新元算不上稀罕事。所以,我很早就有一个坚定的信念：从一无所有到声名鹊起是完全可能的。毕竟我的父辈都是白手起家的。

然而，虽然我父亲很有钱，但我享受到的待遇却是除了爱、食物和教育支持，别的他故意啥都不给。他看到太多出身豪门的孩子所得到的财富恩赐反过头来毁掉了他们，把他们的生活搅得一塌糊涂。所以，他坚信"严是爱，宽是害"，因而走到另外一个极端。

尽管我们住在大房子里，有四个乡村俱乐部，但我的零花钱比同学们都要少。我的朋友有余钱去买小吃、弹子和游戏卡，我却只有买一碗面条和一杯饮料的钱。父亲给我2新元去买一件1.5新元的东西，还要确保我把零钱还给他。

那时候我真的觉得自己好穷，认为父亲是名副其实的守财奴。然而，他抚养我长大的这种方式实际上对我来说是福不是祸。这段经历为我自己真正的财富教育奠定了良好的基础，那就是对财富和成功的渴望。

我父亲坚信，如果父母什么都给孩子，那无疑会剥夺孩子对成功的渴望。他知道这种渴望才是成功的决定性因素，而唯一能让孩子产生渴望的方法就是让孩子受穷。因而，无论我要他给我买什么，他的回答我都猜得出："为什么要我买给你？要买你自己去买！"因此，我很早就明白，没人应该为我的生计埋单。

结果,我 14 岁就开始打零工,挨家挨户地去卖文具。15 岁时,我成立了一家小型的移动迪斯科公司,还兼职做魔术师。我用周末打工挣来的钱去买计算机游戏、音乐 CD 和插图集。24 岁从大学毕业时,我已经做过 6 份工作,有了 10 年的工作经历。和同龄人相比,我有巨大的优势,他们虽然和我有一样的学位,却没有现实社会的工作经历和在实际生活中管理金钱的智慧。即使是学生也得自己挣钱的现实教会我要节约,也让我明白了储蓄和为未来投资的重要性。

这就是为什么我坚持我的两个孩子到了十几岁后就应该利用暑假去打工,为将来上大学存钱(我会给她们无息贷款)。只有这样,她们才会珍惜教育的价值。

小测验

1. 4 岁的马克斯提到姐姐潘妮,说:"潘妮有零花钱,为什么我没有?"你会:

a. 给马克斯 0.5 新元,这样他就不会觉得被排斥。

b. 停止给潘妮发放零花钱,要做到事事公平。

c. 告诉马克斯,潘妮已经 10 岁了,她需要钱来支付午餐。

d. 忽略马克斯,因为他还不懂什么是零花钱。

(a) 3 分　(b) 0 分　(c) 1 分　(d) 0 分

马克斯这个年纪还没有要用钱去买他想要的东西的需求。他需要的父母都会帮他买。给他零花钱没有意义,他还不知道如何支配它,最多将之当玩具一样玩,但完全忽略马克斯会引起不必要的同胞竞争。

2. 9 岁的南希说:"我的朋友凯茜有 50 新元的零花钱,是我的两倍多。为什么?"你会:

a. 解释凯茜的父母更加富有。

b. 增加南希的零花钱,使之和凯茜的一样多。

c. 时不时给南希一些额外的钱来弥补这种差异。

d. 告诉南希她的零花钱数目是按照计划定的,并坚持老的数目。

(a) 1 分 (b) 0 分 (c) 1 分 (d) 3 分

孩子在整个学生阶段——从小学开始一直到大学,都免不了要和同学比较。从零花钱、零食到最新的智能手机和电脑,任何东西他们都会比。停止这种无聊比较的唯一办法,就是回到出发点——零花钱的多少是由需求决定的。然后,解释凯茜的零花钱有可能会支付南希的零花钱没有涵盖的一些支出。

3. 雅思明想要买一双价值 120 新元的新百伦跑鞋去参加学校的体育锻炼。你平时给她买的鞋在 50 新元左右,这个价格已经超出很多。如果她存钱,要花半年甚至更长时间。你会:

a. 既然是学校的活动,就给她买了。

b. 让她多干些家务活来挣钱。

c. 告诉她不能买这双鞋子,因为超出限度太多。

d. 先借给她钱,然后用她的零花钱来还。

(a) 0 分　(b) 3 分　(c) 1 分　(d) 2 分

为额外的家务活付费这个办法很好,尤其在孩子需要买一件昂贵的东西时。只要确保这些家务活的难度高于平时所做的,而且要专款专用。孩子可以做到为了一些特别的东西而更加勤奋。打个比方,你可以让她在接下来的两个星期里帮你把老照片都扫描到电脑里,然后给她 60 新元来支付买鞋的费用。

如果雅思明真的非常喜欢那双鞋,你也可以破例一次,借给她钱,但她必须把钱还给你。这跟她自己存钱买差不多,区别在于她马上可以得到这双鞋。

4. 帕特里克期中考试全拿了 A,他希望能得到额外的奖金。你会:

a. 给他奖金,他爱怎么花就怎么花。

b. 不给他任何奖励,因为这种做法如同贿赂。

c. 给他的大学基金里增加一笔奖金。

d. 给他一笔奖金,但他必须将钱用在带朋友出去吃冰激凌上。

(a) 2 分　(b) 2 分　(c) 2 分　(d) 3 分

父母在这点上常有分歧。有些家长认为给奖金的做法如同贿赂。孩子们必须重视成绩,给奖金则玷污了成绩,他们将来会一直期望只要考到好成绩大人就给奖金。

这招对成绩很优异的学生的效果并没那么好。更糟糕的是，那些成绩没那么好的学生的成绩会变得更加不稳定。如果他们成绩糟糕，就会想到回家拿不到奖励了，在学校就会放弃努力。

另一些父母则觉得奖励好分数这招很管用。他们认可平时的努力或者一些重要节点比如期中考试的好成绩。他们会告诉孩子们这些奖励只能用于一些特定的支出，比如请朋友们出去吃冰激凌，剩下的20%放进储蓄罐。这种奖励会让孩子们觉得很开心，因为他们能感受到父母为他们感到自豪。

5. 约翰每天晚上出去扔垃圾，但是在过去的三个晚上，他却没做这件事，你会：

a. 从他的零花钱里扣除一部分。

b. 让他姐姐克莱尔代替他扔垃圾。

c. 取消他看电视的时间，等他重新开始扔垃圾才能看。

d. 坐下来和他谈谈他作为家庭一员的责任。

(a) 0分　(b) 1分　(c) 3分　(d) 3分

零花钱不应是一个控制手段。除非零花钱和某项特定的家务活捆绑起来，否则应该避免用扣钱的方式来威胁孩子。如果零花钱和工作挂钩，请书面写清楚一旦工作没完成，零花钱就会被扣掉。

6. 戴安娜每周日能拿到一周的零花钱,但通常她星期三就花完了。你会:

a. 增加她的零花钱数额。

b. 让她解释一下钱是怎么花的。

c. 和她一起重新审核一下其零花钱所涵盖的支出。

d. 直到周日才给她零花钱。

(a) 0 分　(b) 2 分　(c) 3 分　(d) 1 分

一些父母会要求孩子交代钱是怎么花的。你可以要求孩子在笔记本里做好支出记录。这种做法有助于孩子将来管理更大数额的钱和支票。一般来说,你应该避免质疑孩子的购买决策。你可以给孩子一些有效的建议,让钱花得更加值一点。

7. 马修每周都有零花钱。一周结束,除了花掉的、存起来的和分享的,他还有 5 新元剩余,你会:

a. 从他的零花钱中砍掉 5 新元,因为他有可能拿得太多了。

b. 鼓励他把 5 新元存起来。

c. 让他按照自己的心愿花掉这 5 新元。

d. 了解清楚他是否省略了一些必要的开支,比如购买食物和小吃。

(a) 1 分　(b) 3 分　(c) 3 分　(d) 3 分

将储蓄的钱和分享的钱都存好了,剩下的钱马修就可以自由支配了。这周结束,他有 5 新元节余,如果他想多存点钱,那他可以比原计划花得少一点。让他继续为他心中想买的东西而努力存钱。减少他的零花钱无异于惩罚他努力存钱。和他再次审核他的需求，这样才能了解清楚他的零花钱是否需要稍稍调整一下。也可能是马修没有买一些必需品比如食物，而这些是绝对不应该不买的。

8. 桑德拉的零花钱包括买电影票和爆米花的钱。这次你请全家去看电影，你会：

a. 让桑德拉付自己的电影票钱。

b. 为桑德拉付一半的电影票和爆米花的钱。

c. 为桑德拉付电影票的钱，但爆米花的钱她要自己承担。

d. 为桑德拉付电影票和爆米花的钱，因为这是家庭聚会。

（a）1分　（b）3分　（c）3分　（d）2分

一件本该用孩子的零花钱支付的东西最后由父母埋单，这种事情司空见惯。如桑德拉的零花钱里本来就有10新元的预算是和朋友们一起去看电影买零食的，但是后来全家一起去看电影了，如果让她自己支付自己的费用，会让她觉得自己所受待遇和家里其他人不一样。比较好的折中方案是分摊——桑德拉付自己的零食钱，或者付一半的电影票和零食钱。

9. 本的零花钱包括买礼物的钱。他的朋友艾维要举行生日派对，可本已经没钱了，你会：

a. 让本空着手去。

b. 给本钱,让他买礼物。

c. 让本送一些他自己的东西。

d. 让本做一张贺卡,上面承诺将来会买礼物补偿。

(a) 1 分　(b) 0 分　(c) 3 分　(d) 3 分

艾维理应收到生日礼物,因为这是她的生日,而且她还举办了派对。如果是本的生日派对,好朋友都空着手来,本心里也会难过,所以本应该送礼物。可以是他现在拥有但保存得比较好、他也愿意送出去的东西,或者他晚些时日再补给艾维礼物,但即使晚给,也应当他自己存钱买。

结语

孩子的零花钱不应该和家务活捆绑在一起。每个孩子都应该明白他为什么有零花钱,以及零花钱应该涵盖哪些支出。如果你已经决定给孩子发放零花钱,因为他是家庭的一员,那么就告诉他原因,同时也提醒他作为家庭成员应承担哪些责任。

一旦你设定好了零花钱的数额,就应该按时发放。按时发放零花钱会让孩子懂得恪守承诺的价值。不要错过发钱的日子。要让他对零花钱有期待,就如同你自己期待每个星期的某一天发薪水一样。

第三章

预 算

预算——要在储蓄、消费和分享之前考虑

一旦孩子开始收到和管理零花钱,他就应当学习做预算。做预算是为了保证你花出去的钱不能比拿进来的多。像在跑步机上跑步是为了健身一样,做预算就是做好储蓄、消费和分享的计划。

第三章
预 算

这对你和孩子而言,都是财务成功的一个重要组成部分。好的预算可以帮助孩子在学校开支、玩具开销和为慈善事业捐钱等方面更加谨慎小心。

孩子(包括成年人)通常都不喜欢做预算

警告:告诉孩子去做预算,就如同去吃自助餐的时候,告诉他在吃冰激凌和薯条之前,先要吃两份西兰花。即便对成人而言,"做预算"这几个字也会让人联想到害怕、紧张和不高兴。一想到做预算,就感觉被剥夺了快乐和想要的东西。成人不想做预算,就如同他们不想上跑步机一样。

我不喜欢去看牙医。做预算同样让我感觉不爽。

可是,我们要清楚做预算非常重要。让我们来学习一下怎样做预算。首先,要填一张收入支出预算明细表。在后面的练习中,孩子将会学习并明白需求与欲望的区别。

每周填写一次收入支出预算明细表

让孩子每周在纸上填写一张收入支出预算明细表（如表2）。让他写一写收入从何而来，支出用在何处。要让他完全自由地填写他想买的东西，如蜡笔、奶昔等。

表2 每周收入支出预算明细表

我的收入来源	数额（新元）	我的支出预算	数额（新元）
我的零花钱	50	学校午餐	25
洗车	5	电影	15
礼物	5	巴士费用	10
合计	60		
		要存的钱	
		储蓄罐	10
		要分享的钱	
		教堂	5
		慈善	

孩子将从中明白需求与欲望的区别。

邱缘安有话要说

培养孩子在花钱时做出明智选择的技能至关重要。他需

要明白需求与欲望的区别,并且明白如何在短期满足和长期收获中找到平衡。

当我和妻子带孩子们去店里买东西,我们总是提醒她们:"你们有××新元钱可以花,你们是想花在这个玩具上面,还是把钱省下来,过几个星期或几个月之后买一个更好的?"这会让她们学会延迟满足。掌握了延迟满足这一技能的孩子,长大后会成为好学生,也更容易成功,更会调适自己,也更加快乐——正如棉花糖实验所展现给我们的那样。

斯坦福大学的棉花糖实验是在20世纪60年代末70年代初由心理学家沃尔特·米歇尔(Walter Mischel)主持的关于延迟满足的系列研究,他当时是斯坦福大学的一名教授。在实验中,孩子们面临两个选择,一个选择是一个小奖励(有时是一个棉花糖,但更多的时候是一块曲奇饼或椒盐脆饼),这是可以立即拿到的;另一个选择是两个小奖励,这要等实验主持者回来后才能拿到(实验主持者大约会离开15分钟)。在后续的追踪研究中,研究者发现,那些能够为了更好的结果而等待的孩子更容易过上好的生活,这是通过研究他们的SAT成绩、受教育程度、体重指数和其他一些指标的数据得出的。

需求 vs.欲望

需求指的是我们赖以生存的东西,比如:

* 有营养的食物;
* 栖身之地;
* 一双好鞋子;
* 交通。

欲望是那些你想拥有的东西,但你即使没有这些,也还是能活下去(实际上,你活得好好的)。比如:

* 高档品牌的牛仔裤;
* 冰激凌;
* 电脑游戏;
* 最新的苹果手机。

欲望可以被延后,也可以被计划。从欲望转化到需求是需要时间的。当一个孩子还在蹒跚学步时,想要一台电脑来玩游戏就是欲望。但当他长到9岁,有些家庭作业需要用电脑来处理时,电脑就成了需求。

朱福权有话要说

当萨拉来到这个世上,我和所有的新手爸爸一样,宠坏了她。我给她买玩具、糖果、冰棍以及任何她想要的东西,只为看到她高兴的样子。等她长到8岁时,她已经成了一个不折不扣的失控的消费者。

她妈妈说我才是罪魁祸首,我才需要被管教。她告诉萨拉:"这是你这一周的零花钱,你可以用它买玩具、贴纸和糖果。你想要啥就买啥,但如果你花光了这些钱,那么这周余下的日子你就没钱了。"

不出所料,头两个星期,她把大部分钱都花在了买神奇宝贝宠物小精灵卡上。当她因没钱可花而哭泣时,我很想帮忙但忍住了。最初的三个星期,萨拉没能吃到她喜爱的糖果和冰棍。

第四个星期开始,她突然变得节俭起来。存好10%用于储蓄和10%用于分享的钱后,她买了一些卡片就收手了。与此同时,她也不再买糖了。

过了几个月,萨拉找到了平衡点——她学会了不过度消费,同时也不过于抠门。而她学到的这重要一课将陪伴她到成年。

机会成本

孩子们意识到做预算意味着要在消费和储蓄之间做出选择,有些东西必须放弃,因为他们还有别的选择,这就是机会成本。

举例来说,如果孩子想去看电影,机会成本就是他原本可以将这些钱花在好吃的东西上,或存起来,抑或是支付一些其他活动的费用。

既然你已经和孩子解释了需求与欲望的区别、机会成本,请帮孩子重新填写他的每周收入支出明细表(如表3)。首先从收入开始,将收入加起来,然后再填写支出。在填花费之前,先把事先商量好的储蓄和分享的份额如各10%写好。总支出应该与总收入相等。

接下来的一个星期,让孩子记下他实际花了多少钱。

表3 每周收入支出明细表

我的收入来源	数额(新元)	我的支出预算	数额(新元)	实际花费(新元)
我的零花钱	50			
洗 车	5			
礼 物	5			
合 计	60			
		要存的钱	6(10%)	
		要分享的钱	6(10%)	
		合 计	60	

全年预算

3岁的孩子也许还不懂需求与欲望的区别,可是等他到了16岁才开始为大学学费存钱已经来不及了。

孩子在成长,每个成长阶段的需求和关注重点也不尽相同。没有一个办法能一直行之有效。下面列出孩子在不同的年龄段家长应该关注些什么。

4—7 岁

用储蓄罐、分享罐和消费罐来分配他们的零花钱(见第二章)。好的经验是储蓄和分享至少各占 10%。大点的孩子在分配上可以更加灵活一点。

8—12 岁

* 教会孩子区分需求与欲望。或许这会让你唠叨一阵,可是绝对有必要。你在家刚刚烤好香喷喷的曲奇饼,他们还需要去买香蕉圣代吗?当他的学校课外活动需要交钱的时候,他还应该去买另一只水枪吗?

* 通过减价活动来帮助他分析有些东西是否值得买。如果孩子愿意在网上或者大减价时去做一些很简单的调查,你可以解释给他听,游戏可以等到降价的时候再买。在他的成长过程中,这样的好习惯可以帮助他获得最大限度的购买力。

* 让他拥有自己的储蓄账户(见第四章),鼓励他长期储蓄以便实现一些更高远的目标,比如攒钱上大学或参加第二年的海外游学。

13—18 岁

随着孩子年龄的增大,给予他的指导要逐渐减少。当孩子进入青少年阶段,他开始要自己做主。家长要退居幕后,让孩子为自己的选择承担责任。现在犯点小错误,后果也不会有多严重,胜过长大后犯大错。

第三章
预算

小测验

1. 10 岁的琳达说预算是没用的,因为收支总是不能达到平衡——不是收入比支出多,就是支出比收入多,你会:

  a. 坚持要她继续做预算,因为这就像让她吃西兰花一样,是为她好。

  b. 减少或增加一些零花钱,以使预算达到平衡。

  c. 先暂停几个月,过段时间再看看。也许琳达还太小了,还不到做预算的年纪。

  d. 解释说预算不需要任何时候都是平衡的。预算只是一个常规检验收入和支出的手段。

  (a) 3 分 (b) 1 分 (c) 1 分 (d) 3 分

  我们知道即使是成人,预算表也很少能平衡。但是,做预算这件事对每个家庭和每家企业每天的日常运作都至关重要。对一家企业而言,做预算意味着为了达到企业的目标,提前安排好公司要做的事情。在这点上,公司和儿童没什么差异。对琳达来说,她要学会为了一些优先级的重要事情(储蓄和分享)将钱预留出来,要把钱花在那些必要的物品和服务上。如果琳达已经有了零花钱,那么她这个年龄应该可以管理预算了。如果她去了一个新的环境,比如一个新学校或新班级,你可以考虑暂停一下,或者等她的消费需求更清楚后,再对她的零花钱做一些调整。

2. 贝茜现在的手机好好的,她却想要个最新的苹果手机。你会:

  a. 让她在预算表里将苹果手机列为储蓄的一项。

b. 答应给她付一半的钱,剩下的一半她自己存钱支付。

c. 告诉她等她生日的时候,可以买一个给她当礼物。

d. 既然她的同学们都升级了手机,那就给她也买个最新款的苹果手机。

(a) 3 分　(b) 2 分　(c) 2 分　(d) 1 分

想要买最新的苹果手机,为强调做预算的重要性提供了一个绝佳的机会。通过展示她的储蓄能够在几个月后购买一个大件,贝茜会学会为了买一件她真正想要的东西而放弃另外一些东西。机会成本是最棒的老师,它会帮助我们决定在我们生活中什么才是最重要的。对贝茜而言,少买点巧克力和小吃可以让她把目光聚焦在对她来说更重要的东西上。当然,她也不应该放弃一些必要的花费,比如购买有营养的食物和饮料。

3. **约翰和你在商店里争吵,他狡辩说,如果你不给他买他最爱吃的冰激凌,他就会生病。你会:**

a. 告诉他没有冰激凌他也会过得好好的。

b. 如果他有存款的话,可以自己付钱。

c. 给他买,但要保证他不可以吃太多。

d. 只要他承诺一周都保持房间整洁,就给他买。

(a) 2 分　(b) 1 分　(c) 3 分　(d) 0 分

要求小孩子不吃冰激凌,就像告诉爸爸他不能在电视机前看他最心爱的球队比赛一样。这两样在感官上都不是必需品,即便没有,约翰和爸爸也都不会生病。但这会让他们很抓狂,很痛苦。给约翰少买一点冰激凌,可以教他学会自律。不推荐让他用自己的钱去买,因为这些储蓄都是专款专用的。这会使得他太轻易放弃预算,从而意识不到坚持做预算的重要性。

结语

做预算能帮助孩子掌控自己的金钱——孩子要学会掌控金钱而不是被金钱掌控。做预算是一种刻意让自己关注消费和存钱行为的方式。

不管怎么切分,做预算时都应考虑到消费、储蓄和分享这三部分。无论孩子多年幼,只要他开始拿零花钱,就能做预算了。

为了使预算保持平衡,孩子需要明白需求与欲望的区别,因为有机会成本,所以有时做决定很难。

第四章

储 蓄

零花钱＋其他收入＝**储蓄**＋消费＋分享

把储蓄当作吃甜点

如果消费是冰激凌，储蓄是西兰花，你的孩子会选择哪一个？

既然你的孩子已经在前几章学会了怎么去处理零花钱和做预

算,那么学习如何储蓄就易如反掌了。这意味着你的孩子已经确定了储蓄、消费和分享的数额。

尽管这样,孩子还是会问:"花钱多有乐趣啊!为什么要储蓄?"我们怎样才能让孩子养成储蓄这个好习惯呢?

从设定短期储蓄目标开始

你可以帮助孩子设定短期目标,将之作为储蓄的理由,这样过了一两个月,他就能享受到储蓄带来的快乐。你可以简单地分三步走。

第一步 设定储蓄目标 → 第二步 先储蓄后消费 → 第三步 花掉储蓄

第一步——设定储蓄目标

储蓄得有个理由。帮助孩子在一个可控的时间范围内设定一个目标。可以是他最喜欢的球队的线衫,也可以是他一直想要买却只能一两个月才能买一次的东西。让孩子存钱给自己买玩具或者运动鞋(不要替他们买),这种教育方式非常好,可以教会他们把平时的小钱节省下来,以后派上大用场。

为了帮助孩子设定一个可控的目标,你要和他讨论要买什么,要花多少钱,以及在设定的日期之前每周要存多少钱。

第二步——先储蓄后消费

孩子应该在消费之前先把储蓄罐喂饱。这是确保他将来可以合理花钱的一个简单方法。这里有以下四个建议可以鼓励孩子先储蓄后消费。

在储蓄罐上贴张图片

把他想要的东西的照片贴在储蓄罐上。每当孩子把钱放进罐子里,他都会想到自己离目标越来越近了。大点的孩子可以把存钱数目记录在账本上,每个星期更新一次。

对储蓄行为进行奖励

可以考虑对孩子的储蓄行为进行奖励。不一定是金钱式的奖励。任何能激励孩子的手段都可以,比如贴纸、玩一个小时的游戏。

当然也可以是金钱式的奖励。奖励数额可以参考银行存款利息给,不要存多少奖励多少。比如他每存 1 新元,你可以给他 0.2 新元的奖励。这也是鼓励孩子储蓄的好办法。

拥有你自己的储蓄罐

要让孩子看到你也在储蓄,以此来鼓励孩子储蓄。拥有一个属于你自己的储蓄罐,在孩子观察你时把钱放进去。告诉孩子你储蓄是为了什么,也让他明白储蓄这种行为很平常。大部分小孩子都喜欢模仿大人,他们也会模仿你去储蓄。

为了多存点钱而节省

为了展现你节俭的一面,你可以向孩子们解释你是如何在杂货店里使用优惠券的,或者在报纸上找到大减价的活动给他们看。当储蓄成了家里重中之重的目标时,就会产生涓滴效应,即使是最小的孩子也能感受到。

第三步——花掉储蓄

时间到了,钱存够了。花钱的时间到了。真开心啊!

作为父母和抚育者,是时候放开你的手了。孩子们在过去的几个月里努力存钱,现在,他们要去商店里买回他们想要的物品。孩子们设定目标,然后一步步达到,非常有成就感。让他们享受存钱成功带来的奖励。

长期储蓄

等孩子长大点,比如到十三四岁的时候,你应该教教他长期储蓄了。实际上,一旦孩子到了12岁左右的年纪,你就应该考虑,坚持让他从自己的零花钱中拿出一定比例的钱放到长期储蓄账户里,等他再长大点,这些钱可以用来投资。

从小猪储钱罐开始

你可以让孩子拥有第四个罐子,上面可以贴好写有"长期储蓄"字样的标签,或者给他买个特别漂亮的小猪储钱罐放在他房间里,用于长期储蓄。我们更倾向于用"小猪储钱罐"来标注,这样可以和前面的"储蓄罐"区分开来。

我们还记得当自己还是孩子时,存钱最大的快乐就是把硬币换成大面额的纸币。当孩子存到 45 新元以上时,把所有的硬币拿走,给他一张 50 新元的纸币。

小猪储钱罐一开始的样子并不是小猪!

使用小猪储钱罐的传统可以追溯到 15 世纪,那时候的储钱罐由一种叫 pygg 的陶土制成,这么多年过去后,就演化成"piggy bank"(小猪储钱罐)了。

如今,你在市面上能找到很多有趣的小猪储钱罐,但这些储钱罐已经不局限于小猪形状了。到亚马逊和 eBay 上去搜,你就会发现:

> 米老鼠、凯蒂猫和星球大战中达斯·维德(Darth Vader)形状的储钱罐。
>
> 淘气熊猫小偷式储钱罐。上面的盖子是关上的,当你把一个硬币放在白盘子上时,盖子就会打开,一个可爱的小熊猫就会钻出来,用他的爪子把硬币拿走。
>
> 闹钟式储钱罐。每天早上闹钟都会响,不喂一个硬币下去,闹钟就会一直响下去。

去银行开一个储蓄账户

孩子的小猪储钱罐已经塞满了,该去银行开个储蓄账户了。把他的硬币和纸币都存进去。银行为了鼓励孩子们成为储户,给7岁以上的孩子提供各种各样的储蓄账户。

让孩子拥有储蓄账户,可以向孩子展示两件重要的事情:

* 金钱存放在哪里?
* 什么是利息,金钱是如何增长的?

开储蓄账户的时候,要注意:

* 费用和要求。大部分儿童账户不收取费用,但有最低的额度限制。有些银行甚至允许一定年龄前的孩子存硬币。
* 存折。一些储蓄账户是提供存折的,这样孩子就能了解他的储蓄余额。这是一个很重要的手段。

* 利息率。储蓄账户的利息虽然很低,但聊胜于无。如果这个账户是有利息的,那么解释复利的力量就容易多了。

解释利率的概念

当我们把钱存到银行里,银行会把我们的钱作为贷款借给借款人并收取费用。利息就相当于借款人借用银行的钱而支付的费用。同样地,银行借了我们的钱,也要支付利息。利息是按照我们存的钱来计算的。比如,我们在银行存了1万新元,银行支付每年2%的利息,那么一年之后,银行就要支付我们200新元的利息(10 000×2%)。假设我们将所有的钱继续放在银行,同时利率不变的话,那么一年之后,余额会变成10 404新元。这就是复利的效果,头一年挣的利息,在第二年可以挣到更多的利息。

第四章
储 蓄

邱缘安有话要说

我和妻子告诉孩子们,每一新元都是一粒金钱的种子,如果她们花掉了这粒种子,它就永远消失了;如果她们通过储蓄和投资的方式将这粒种子种下去,它就会长成结出好几百新元的摇钱树。这种钱生钱的主意激励了她们。她们在中国农历新年得到的红包和自己节省下来的零花钱,会以利息和分红的方式增长,我们做家长的也会展示给她们看。

在她们还很小的时候,我们就把她们的储蓄投在股市和房地产投资信托基金上。我们会给她们看每一季度的报表,她们会亲眼看到自己的金钱魔法般地增加。她们会沉迷在这种金钱游戏中。我们让她们取出一些钱来花时,她们都会摇头说:"不要!不要破坏金钱的种子,让它继续长大。"这为她们成长为未来的储蓄者和投资者奠定了良好的基础。

小测验

1. 10 岁的丹尼斯说:"我的储蓄罐里有 80 新元,我要按计划去买一盒歌帝梵的巧克力。"你会:

a. 让她去买巧克力,因为她存钱就是为了买这个。

b. 替她付掉买巧克力的钱,这样就能保持她的储蓄罐收支的平衡了。

c. 不允许她把钱从储蓄罐里拿出来,因为那是要付大学费用的。

d. 告诉她不能把80新元都花在买巧克力上,她可以花10新元买一盒不错的巧克力。

(a) 3 分　(b) 0 分　(c) 0 分　(d) 2 分

如果丹尼斯存钱就是为了买歌帝梵的巧克力,而你也曾经同意这个计划,那就不应该反对她买巧克力。如果计划只是买巧克力,你可以补充说花80新元买一盒巧克力实在是太奢侈了,10新元的就可以了。这件事情的问题就在于储蓄目标不够明确。储蓄目标同别的目标一样,都应该符合SMART(明确、可衡量、可实现、实际和有时效性)原则。

2. 10 岁的孩子问你:"为什么你不从 ATM 机里取点钱出来?"你会:

a. 说钱不是从树上长出来的。

b. 说 ATM 机里没有钱了。

c. 解释说 ATM 机就像储蓄罐,里面的钱是有限的。

d. 解释说你不可以随心所欲,想啥时候用钱就去取。

(a) 1 分　(b) 0 分　(c) 3 分　(d) 1 分

最糟糕的事情就是编造那些根本不存在的事情。告诉你的孩子 ATM 机就是一个电子储蓄罐,你工作所得的工资存在里面。跟孩子一样,你也得把有限的钱分成储蓄、消费和分享等部分。

3. 凯莉在过去的两周里都没有把钱放进她的储蓄罐里。你会:

a. 坚持她应该重新开始放钱进去。

b. 给她一笔额外的钱,放进储蓄罐。

c. 重新审核她的预算,看看她是否需要多给点钱。

d. 每放进 1 新元给她 0.2 新元利息。

(a) 2 分　(b) 0 分　(c) 3 分　(d) 2 分

这是个重新审核她金钱需求的好时机。除非她是把钱省下来买了一些计划之外的东西,否则应该增加她的零花钱。如果她的消费需求没有变化,那么你应该坚持凯莉继续"喂"这个储蓄罐。给她存钱的利息不失为一个有效的方法,但这个方法只适合现金,且不能长久执行。

4. 尼克在银行里为上大学存了 2 000 新元。他想拿出一半的钱来买一个新的游戏机。你会:

a. 告诉他现在的游戏机还好用。

b. 拒绝他这样做,因为那些钱是为上大学存的。

c. 帮他做一个短期的储蓄计划来买游戏机。

d. 给他买一个新的游戏机,因为他为上大学存钱已经做得很好了。

(a) 1 分　(b) 3 分　(c) 3 分　(d) 0 分

大学储蓄账户的储蓄目标应该是为将来上大学存钱,除非出现紧急事件,否则该账户里的钱不应该挪作他用。可以考虑为购买游戏机设立一个新的短期储蓄目标。由于购买游戏机需要几百甚至上千新元,家长可以延长储蓄计划的时间,提供一些利息支持,或者如果他的生日快要到了,可以将之作为生日礼物送给他。

结语

要让孩子们明白储蓄是一种美德,同时也非常有乐趣。等他们存好钱,再让他们花掉,甚至花光。对孩子们来说,让他们花钱就是对他们储蓄的奖励。

当然你也可以给他们现金,但是让他们自己为某件物品储蓄,他们会变得更有耐心、更自律,财商也能发展得更好。

当孩子们按照约定储蓄时,记得一定要表扬他们。这意味着他们能设定目标,为目标储蓄,然后享受他们自己用劳动换来的果实。

第五章

消 费

零花钱＋其他收入＝储蓄＋**消费**＋分享

最重要的金钱概念

什么是需要教给孩子的最重要的金钱概念？很多人也许会说"省钱"。这么说不能算错，但只能算对了一半。因为我们大部分的钱是要花掉的。教小孩子明智地去消费是很重要的。

量入为出

在这个阶段,你已经坐下来和孩子沟通过钱要花在什么地方以及要花多少。除了要监督和帮助孩子按照计划去合理消费外,其他没啥要做的。

邱缘安有话要说

通常,我们给孩子的零花钱都严格地限制在一些必要的开支如食物、文具和交通上。至于购买像玩具、游戏和一些很特别的东西的钱,他们就得通过干家务活和表现好赚积分来获得。

为了达到高效,我们必须给孩子设定期望和规则,当他们打破规则时也绝不让步。有一次,我发现我女儿把理应花在食物上的钱都用去买糖果和游戏卡片了。她不好好吃饭,为了省钱,就吃白面包,喝矿泉水。

我们发现之后,为了让她认识到错误的消费决策的后果,将她之后三天的午餐费用都扣掉,只给她面包和水。她因此深刻地领悟到不应把钱花在一些不必要的物品上。

让孩子早犯错误

学习合理消费的过程中会有磨炼,也难免犯错误,甚至这个过程要持续一段时间（很多成年人到现在都还没有掌握这项技巧）。如果你给了孩子一笔零花钱，他所有的消费你都无条件支持，就会扼杀他的决策力，让他在理财学习方面得不到任何收获。

假设你女儿将她一周的零花钱都用在买宠物小精灵卡片上，三天后，她又看中了一个特别想要的拼图，你会怎么办？千万不要因为她苦苦哀求就让步。实际上，你应该高兴才是，因为这正是你想传递给她的一个信息，即当涉及钱的问题时，她需要事先做好计划，然后根据预算来消费。幸运的是，她在后果不是很严重的时候学到了这个教训。10岁的时候得不到一个拼图的后果，比25岁时还不上信用卡里的5 000新元支出要好很多。

监管零花钱是怎么花掉的

父母要学会的是,一旦把钱给了孩子,就应当放手。钱已经不是你的了,孩子要自己决定怎么花。毕竟,在涉及钱这个问题时,你希望孩子能独立思考。

不可否认,你对孩子如何花钱是有点期望的。但是你对他又能有多少影响?你能坚持一定比例的零花钱一定要用来买午餐吗?你能让孩子自己付钱买电影票吗?这里并没有什么硬性规定。

一方面,你可以保持沉默,让孩子做所有的决策;另一方面,在计划好的支出方面,你可以在零花钱应该如何分配上设定一些条件。你也可以采取折中的做法。可一旦零花钱被用在烟酒和违法的事情上,毫无疑问,他所有的零花钱都会被立即停掉。

通过日常记录监管消费

监管消费要做好日常记录。让孩子每天都记录好他的开支。给他一本笔记本随身携带。一天写一页,记得把日期写在上头。每个周末和以前的预算进行比较。

表4　日常消费记录

日期:

已购物品	数　　量	计划内/计划外

过度消费(无计划的购买行为)

如果孩子在过度消费,而且大部分的消费都是无计划的购买行为,你就需要介入,以帮助他调整自己的消费行为。比如他买了很多彩虹橡皮筋套装,你就应当设定一个规则:一旦他拥有三个套装,就必须送掉一个或以旧换新。如果他乱买书,你可以规定书的数量不能多于书架可以存放的数量。

让孩子成为有预算的消费者

与其让孩子从自己的储蓄里拿出100新元去买名牌牛仔裤,不如带他去挑一条正在打折的高档牛仔裤,或者去工厂折扣店买一条60新元的裤子,剩下的40新元还可以买点别的衣服。

鼓励孩子和朋友们交换书和电子游戏等,以及那些不合身的衣服,而不是去买新的。

如果他们还没到交换物品的年纪,你可以帮忙主持一场玩具交换活动。如果你家有个学龄前儿童,也许家里有一大堆他正眼都不瞧的玩具。

主持一场玩具交换活动

玩具交换这种理念很棒,用孩子不怎么玩或很少玩的玩具换一些新鲜的玩具,小家伙可能很喜欢,成本却很低甚至没有,大家都合算。下面来告诉大家该怎么做。

1. 决定客人名单。邀请大约10位其孩子和你家孩子年龄相仿的朋友来举行一场玩具交换活动。我们建议把小小孩留在家里，避免他们因为争夺玩具而哭闹或大发脾气。

2. 制订规则。每位朋友至少带5样玩具。玩具应该有八九成新。这意味着拼图不能少掉几块，塑胶玩具应当擦拭干净。要挑一些别的孩子真的会有兴趣去玩的玩具——虽然你孩子可能不会再玩了。给每位家长发票，票的数量根据玩具数量的多少来定。每张票允许家长从玩具池中挑一件玩具。如果玩具的价值不等，那就根据玩具的价值发票。一个5新元的玩具能换5张票，这些票可以去换别人的玩具。

3. 展示。家长们来了之后，把他们带的玩具放到一个足够大的空间里展示出来，方便大家浏览。也许你可以给玩具归归类，水枪放一块，男孩子的玩具放桌子上，女孩子的玩具放角落里，小宝宝的玩具放在另一个地方。

4. 交换。让每位来的客人选一个号码，这样他们就可以按顺序来挑玩具了。或者不要轮流来，大家一起想要哪个玩具就拿哪个。偶尔会有家长因为某个热门玩具而争夺不休，但这种事情总是鲜有发生。

5. 捐献。交换最后剩下来的玩具可以捐给当地的救护所或热门的非营利机构。

书和衣服也可以用来开交换派对！

无计划购买行为的冷静期

冷静期不仅对孩子有效,对大人同样有效。它能帮助孩子克制消费冲动。下面来看看怎么做:比如你和孩子在 Forever 21 店里看中一件长袖衬衫,在买之前,坚持留有三天的冷静期。三天之后,有可能孩子觉得他要把钱花在别处了。如果他还是很想要买这件衣服,那么你会知道他的需要或者他真正喜欢什么,他也的确花时间考虑过这一消费行为。

让他们自己承担选择的后果

我们一直强调,如果孩子们的钱用光了,或者他们没能按照计划去执行,而你却不断地给他们钱,那么上述所有金钱方面的课程教育都没有任何持续效果。他们需要承担他们在生活中所做选择

第五章 消费

带来的后果。他们越早学会这一课,将来就会越富有。

小测验

1. 你刚给了马修这个星期的零花钱。把储蓄和分享的钱存好后,他想把剩下的钱都花在买电子游戏上。你会:

a. 让他去买电子游戏。

b. 答应他过生日的时候买电子游戏当礼物送给他。

c. 答应给他付一部分钱,这样他不至于把所有的钱都用光。

d. 拒绝他把钱花在电子游戏上,因为这是被禁止的项目。

(a) 0分 (b) 2分 (c) 1分 (d) 3分

不仅仅是因为电子游戏是禁止项目,还因为这将要花光他的零花钱。如果这周没钱支付食物和交通费用,他该怎么度过呢?电子游戏的价格一般要高于一周的零花钱。你可以鼓励孩子设定一个短期的储蓄目标来买这款游戏。

2. 桑德拉想在过生日的时候得到50新元的乐高超级英雄套装。你会:

a. 在 eBay 上淘一个旧的套装。

b. 从她的储蓄罐中拿钱去买。

c. 在玩具店里买,因为这是她的生日。

d. 告诉祖母她可以给桑德拉买这个礼物。

(a) 3分 (b) 0分 (c) 3分 (d) 3分

生日是一个很特殊的日子，孩子们理应受到礼遇——得到喜欢吃的东西和礼物。一个礼物 50 新元并不是不合理的。

3. 弗雷迪第一天就将他一周的零花钱几乎都花光了，这周剩下的几天他就没有足够的钱去买午餐了。你会：

a. 拒绝给他任何钱，不去管他。

b. 补充一点钱，确保他有钱吃午餐和一些必要的开支，其他的就不管了。

c. 给他下周的零花钱，让他试着管理两个星期的钱。

d. 跟他解释需求与欲望的区别，然后给他一周的零花钱。

（a）2 分　（b）3 分　（c）3 分　（d）0 分

弗雷迪破坏了自己的用钱计划，必须吸取教训。我们当然不应该保护他，但要保证他有足够的必需品。如果他剩下的钱足够买必需品，那就不要管他，让他尝尝一周没有糖果、电影和外出的滋味。一般来说，之后的那周他用钱会更加谨慎一点。

4. 你 12 岁的孩子很善良。他请三个好朋友去吃午饭、看电影，把零花钱都用光了。你会：

a. 不去管他，这属于没有计划的开支。

b. 给他补点钱，好的行为应该得到奖励。

c. 提醒他不要让朋友利用他的好心占便宜。

d. 告诉他是他的好心导致了过度消费。

(a) 3分　(b) 1分　(c) 2分　(d) 3分

过度分享无异于过度消费,最终得有人埋单。如果你孩子频繁地表现出过度的好意,就需要让他明白钱是要从他口袋里掏出来的,他要懂得约束自己的消费行为。另外一个重要的教训很世俗却也很实际,那就是真有一些人会利用别人的好意来满足自己的私欲。孩子总有一天会明白,成人世界里有欺骗和欺诈的存在。

结语

做明智的消费抉择,要注意区分需求与欲望。我们在第三章已经提到"预算"这一核心概念,也一再强调这一概念。比如,需求就是有营养的食物和交通等。当孩子的需求都被满足后,也许他还剩下一些钱去满足他的欲望。因为人的欲望通常大于人所能承受的,所以孩子就得做出决定,选择他真正想要的。孩子在幼年阶段就能学会做出消费的抉择,因为这时候他的钱是非常有限的。

孩子们每天都在选择中度过——穿什么衣服,课间休息吃什么小吃,玩什么电子游戏。每天的生活中都充斥着各种选项,即使是非常年幼的孩子,也能做出简单的决定。鼓励孩子们在小时候做选择,等他们大点时,就能做一些重要的决定,因为他们已经有了经验和自信。

第六章

分享与给予

零花钱＋其他收入＝储蓄＋消费＋**分享**

分享是快乐人生的秘诀

孩子现在知道从零花钱中该拿出多少用于分享（我们将"分享"和"给予"当作同义词来使用），但他还是会来问你：这些钱他自己都不够用了，为什么还要分享？

分享不是一学就会的。这要经过很多年的积累，人却能因此受益终生。

分享是真正的幸福的一部分

心理学家马丁·塞利格曼（Martin Seligman）在对幸福的研究中提出愉悦的生活、美好的生活和有意义的生活，这三者融合在一起会带来真正的幸福。①

* 愉悦的生活是指对现在、过去和将来保持积极的态度。吃到美味的香蕉圣代或者圣诞节去海边度假，都能带来积极正面的感觉。这种生活本身并不能保证真正的幸福，但的确让我们的生活锦上添花。

* 美好的生活是指能经历充实的人生，聪明才智能得到最大限度的展示和发挥。假设你擅长数字和交流，你把这些长处用到你的工作、恋爱、玩耍、交友和教养孩子中去，那么你就能拥有充实的人生。

* 有意义的生活指的是用你的聪明才智去服务他人。比如，把时间和精力放在社区、孤儿院和一些宗教场所。

给予是要有理由的

这个阶段，你要把注意力集中在帮助孩子理解为什么分享是重要的，同时要培养一颗愿意分享的心。无论你的家庭是信仰伊斯兰教、基督教、印度教还是其他宗教，宗教的分享与给予

---

① 欲知更多信息，请登录网站：www.authentichappiness.sas.upenn.edu。

是最好的方式之一,能让孩子开启分享之旅。举个例子,什一奉献(把收入的十分之一拿出来捐献给宗教机构或慈善团体)是基督教信仰的一部分。因此,如果你的孩子每周能得到10新元的零花钱,他就可以通过什一奉献的方式捐献出1新元。

"我没有足够的钱去分享!"

也许孩子一周只有5新元的零花钱,那么放入分享罐里的0.5新元看上去也不多,但是要告诉孩子积少成多的道理。

* 即使数量少也值得分享。一个月少喝一杯星巴克的星冰乐,就能省下5新元甚至更多的钱用于分享。
* 任何时候,多余的零钱都可以攒起来。他的分享罐里可以放多余的零钱。

* 在厨房里放一个家庭分享罐。让家里每个人手头一有零钱就扔进去。

邱缘安有话要说

我们认为,孩子养成大方并愿意和弱势群体分享的习惯非常重要。每年农历新年她们收到红包后,我们都会要求她们拿出一定比例的钱捐给慈善机构(寺庙、敬老院和孤儿院等)。我们也会要求她们每隔一段时间捐出自己的一部分玩具给家境贫穷的儿童。一开始,孩子们都有点不情愿。"为什么要把我的玩具给别人?"她们会这样抱怨。可是,当我们让她们把玩具和钱捐给那些有困难的孩子后,就会称赞和表扬她们,她们就会把爱和一些好的感觉与分享、给予联系起来,这就为孩子们的将来打下一个良好的基础。

给予不仅关乎金钱

随着孩子们逐渐长大,他们就会慢慢明白别人拥有的没有他们多。他们就能学会通过各种方式和别人分享。举例来说:

* 他们可以捐出一部分钱。
* 他们可以通过奉献自己的时间和精力来帮助别人。
* 他们可以将自己不需要的玩具和衣服送给那些对此有需

要的人。

下面有一些给予的好点子：

* 捐出衣物。每隔一段时间，让孩子收拾一下他的衣柜和玩具柜，那些不用的衣物和玩具可以送给救世军，让他分配给有需要的人。让孩子自己挑选要捐献的衣物和玩具。带孩子一起去收集点将东西捐出去。
* 帮助左邻右舍。和孩子商量一个他可以一直参与的活动，比如烤曲奇或者擦窗子。然后，找一些愿意接受孩子帮助的人选，比如年长的邻居或者福利机构。
* 开一个慈善性质的生日派对。组织一场生日派对，让来宾都带一本书或者泰迪熊之类的礼物，然后捐给当地慈善机构。让孩子决定是捐给老年之家、残疾人之家还是别的机构。
* 参加志愿者活动。孩子可以通过教别人学英语赚钱，用这些钱帮无家可归的人建房子。志愿者活动可以丰富孩子的人生阅历，增进友谊，还可以培养孩子给予的精神。[1]

---

[1] 送孩子出国要谨慎。近年来，很多出国留学中介机构如雨后春笋般冒出来，其中很多机构更多的是受利益驱使而不是受使命驱使。有时候，志愿者会因为抢走了当地人的工作，或者和孩子们产生了微妙的感情而影响了当地的社区。同时，由于志愿者大多没有经过足够的培训，他们也许不知道什么是安全的或不安全的。参见：Tristin Hopper. "'Voluntourism': Mixing Vacations with Charity Work Can Harm As Much As It Helps". *National Post*, 19 April 2013。

第六章 分享与给予

朱福权有话要说

曾经有四年的时间,我每周六都会去一个老年之家教英语,我教他们唱《小星星》(*Twinkle Twinkle Little Star*)和《平安夜》(*Silent Night*),还带他们去别的敬老院表演。我的很多学生都是七八十岁的高龄老人。他们都非常渴望学习,甚至会把录音机带到课堂——因为他们非常想同孙辈们交流。萨拉在美国深造,不论她什么时候回到新加坡,都会来当我的助教,或者帮忙整理、打扫。我们在一起的这些经历虽然短暂,但对她的影响却很大。如今,她在美国亚利桑那州,一直坚持抽出一些时间来参加各种各样的慈善组织,比如一角募捐步行基金会(一个为早产婴儿募款的组织)、儿童玩具计划和动物收容所等。

培养一颗愿意真诚给予的心

你是否遇到过一掷千金却毫无爱心的人?我们可以强迫孩子去给予,但若没有爱心和真心帮助别人的愿望,这种"给予"就变味了。拿走孩子不愿意和别人分享的东西,比如玩具或者钱(即使别人更加需要这些),就是这种行为。我们希望孩子能快乐地分享、给予。

为了让大家明白我们的意图,让我们来看看杰克和他的两个孩子彭妮和卢卡斯每个圣诞节是怎么做的。

> 每年圣诞节,杰克都会带他的孩子们去孤儿院,给那里的孩子们带去三明治、旧衣服和玩具,还同孩子们一起唱圣诞颂歌。他会拍很多照片。通过对比,他的亲生孩子就会知道自己是多么幸运。同时,他的捐赠可以让他少交一些个人所得税。杰克认为,每年一次的孤儿院之旅,让他和孩子们都体会到了分享与给予的幸福。

你是如何看待好上加好的做法和杰克教育孩子给予的?下面是我们的一些观点。

给予应该是定期的

要制订规则,而不是等意外发生了才这么做。给予不应该仅仅局限在突发事件和一些特别的场合。你应该让孩子们明白,伸出友谊之手帮助他人也是一种生活方式,而不是灾难发生的那一刻或者圣诞之日。

记住,当你帮助别人时,你也在向孩子们传递一个重要信息:你关于给予的信念。如果他们观察到你定期去帮助别人,也听你经常提及这些,他们也会这样去做。要特地组织一些以家庭为单位的给予类活动,找时间去做,把这件事情摆在重要位置。

杰克也许可以考虑定期组织一次这样的家庭活动,比如每个月去一次孤儿院,就这么简单。

第六章
分享与给予

给予要建立在孩子愿意的基础上

孩子应该要看到他的钱真正用于慈善了，也发自内心地意识到这种行为是可以帮到别人的。他应该要做到帮助别人且乐在其中。

杰克知道自己的孩子佩妮和卢卡斯都喜欢做三明治和唱歌，因此带他们俩去孤儿院并不是件难事。现在，如果他准备一个月去一次的话，孩子们也许需要去干一些他们不反感的家务活，比如拖地、打扫。整个家庭都要意识到，为了帮助别人，有时候需要跨出舒适区。

天有不测风云，人有旦夕祸福。我们随时可能陷入困境。当你看到自己在街上乞讨，你不会给自己一点救济吗？

给予要真诚，发自内心

孩子的给予要发自内心。不应是家长强迫他去做，或者是跟着潮流去做（比如给因地震受灾的人捐款，因为很多明星这样做了）。

绝对不要把给予当作自我改进的契机（比如需要让别人认为自己很慷慨）。孩子应该明白什么是别人需要的，而不是送出去那些本该丢弃的。不要将慈善中心当作垃圾箱。对佩妮和卢卡斯来说，他们送出去的衣服和玩具品相都应该不错，即使不送出去的话，自己也会用。掉了手的娃娃和少了红桃K的扑克牌都不能送给别人。

让孩子决定把东西送给谁

让孩子来决定对他自己而言什么是重要的，然后找到那些和孩子愿望相吻合的慈善机构。和孩子讨论一下他是如何关心这个世界的。他想为治疗一种特别的疾病尽一份微薄之力吗？

去资助艺术中心还是帮助宗教机构？这些讨论会帮助孩子明确他想要资助的领域，然后找到他关注的可以解决这种问题的慈善机构。也许一些著名的慈善机构的名称就浮现在你脑海里了。

就佩妮和卢卡斯而言，一年前他们的爷爷因为心脏病去世，所以他们想把钱捐给心脏基金会，与此同时，他们也很喜欢在那里和别的孩子碰面。

小测验

1. 马修看中了一款价值 40 新元的棒球帽，想从分享罐里拿出 20 新元来买这顶帽子。他想把钱花在自己身上，而不是别人身上。为此，你会：

   a. 让他自己存钱买。

   b. 不允许他买。

   c. 跟他再次强调要分享的原因。

   d. 让他买，然后在下个星期的零花钱中扣掉 20 新元。

   （a）2 分　（b）2 分　（c）3 分　（d）1 分

   很明显，事先没有计划要买的东西，绝对不应该列入消费决策中。这样会搞砸预算和零花钱的计划。事先没有计划要买的东西，应该另外存钱买，而不应该有例外。如果有必须马上买的理由，比如这是最后一个了，你可以考虑特事特办。但是，要保证他的 20 新元是从他自己的零花钱里或者通过别的途径拿出。最重要的是,要帮助马修明白为什么要分享。关于这点,他实际上还没领悟到。他也许要花上几年的时间才能真正想清楚,但是分享带来的快乐和满足感绝对值得你这样去做。

2. 每个月的第一个星期天,10岁的苏珊和你去敬老院看望老人。那个地方每次去都得好好拖一下地。可是,拖地对她来说太吃力了,她更愿意在厨房帮忙。你会:

a. 和她一起在厨房帮忙。

b. 让她去厨房帮忙。

c. 让她和别的志愿者一起完成拖地这件事情。

d. 坚持让她拖地,因为做志愿者这件事情本来就不是好玩的。

(a) 1分　(b) 2分　(c) 3分　(d) 2分

在必须做和孩子喜欢做之间,要建立起一种平衡。如果志愿者工作总是充满欢歌笑语,那么我们周围到处都是志愿者了。最终,地总归要拖干净,窗户总归要擦干净。孩子们在奉献他们的时间和精力的过程中,如果所做的大部分事情是自己喜欢做的,那么这件事情就是可持续的。对苏珊来说,一个好的平衡就是每隔一个月拖一次地或每次去拖一小会儿。

3. 你的儿子约翰不愿意和来家里玩的朋友杰克一起分享玩具。你会:

a. 惩罚约翰,因为他不愿意分享。

b. 把他最心爱的玩具拿走。

c. 承诺约翰如果他分享的话,给他买冰激凌。

d. 强迫约翰去分享,因为对每一个家庭成员来说,分享都是一种义务。

(a) 1分　(b) 3分　(c) 1分　(d) 1分

孩子们会对一些物品产生依恋,就如同你我会对最喜欢的咖啡杯产生依恋一样。孩子拒绝分享他最喜欢的玩具卡车,他其实不是真的自私——他只是做了他这个年龄段的孩子该做的事情。要想减少孩子大发雷霆的概率,可以试着让孩子在朋友到来之前把他最喜欢的玩具藏起来。告诉他这些玩具他不用去分享,然后放好。只要保证有足够多的约翰不介意和大家分享的玩具就好。大人不应该因为孩子没分享而惩罚他们。让他在和其他小伙伴交往的过程中慢慢学会分享。当他不愿意和别人分享,他的朋友们会让他知道他们有多不高兴。他也会明白,要和他人成为好朋友,需要付出很多的努力。给一个冰激凌也许有效果,但是这种贿赂不能经常用。否则,他每次分享之后都会期待有奖励。

4. 你女儿罗斯非常喜欢和人分享,每周都会和朋友们一起把她自己的钱花光。你会:

a. 告诉她,她需要有计划地花钱。

b. 搞明白她花钱是不是被强迫或被欺凌的。

c. 让她继续花光她的零花钱,因为分享总是应该被鼓励的。

d. 每天给她零花钱,而不是每周给,直到她学会规划、控制好自己的花费和分享的费用。

(a) 2 分　(b) 3 分　(c) 1 分　(d) 3 分

如果你的孩子总是充当掠夺者,她会发现别的孩子都不愿意同她玩。反之,如果她总是受害者,她要学会的就是说"不"。只有当你知道为什么她会多花钱去分享,告诉她花费必须控制在预算之内,才有用。分享有个限度,特别是她的零花钱里本来有这项预算,但现在分享的钱占了零花钱的全部,将零花钱的使用计划全部打乱了。如果她只是不知道如何管理大额的零花钱,那么就把零花钱分成小额,每天发给她。

5. 你的工资不高,生活过得比较紧巴。你给儿子扎克的零花钱不足以让他分配太多给分享这一块,你会:

a. 告诉扎克为了分享,要减少消费或者储蓄的钱。

b. 虽然钱很少,还是坚持让他分出一部分去分享。

c. 告诉他等到以后有钱才分享。

d. 让他通过帮年老的邻居免费跑腿的方式来实现分享的目标。

(a) 3 分　(b) 3 分　(c) 1 分　(d) 3 分

分享有很多方式。分享也不只局限于金钱。花时间和精力去帮助邻居也是一种分享。分享可以随时随地发生,而不用等有了足够的钱才能做。

结语

世界上有太多的苦难。每年有 600 万儿童死于可以防治的疾病,有超过 10 亿人口不能喝到干净的饮用水。[①] 所幸的是,我们可以有数不尽的方式来做积极的改变。通过给予,孩子们能结交到新朋友,培养自豪感,过上更加幸福的生活。

要记住,给予要从家庭内部开始。查尔斯·狄更斯(Charles Dickens)曾说过:"慈善始于家庭,公正始于隔邻。"如果我们希望世界更美好,就从对邻居有礼貌、给家人以微笑做起。很多人会捐献成千上万的钱给慈善机构,对自己的家人却不管不顾。

---

① 欲知更多信息,请登录网站:www.givingwhatwecan.org。

第七章

其他收入

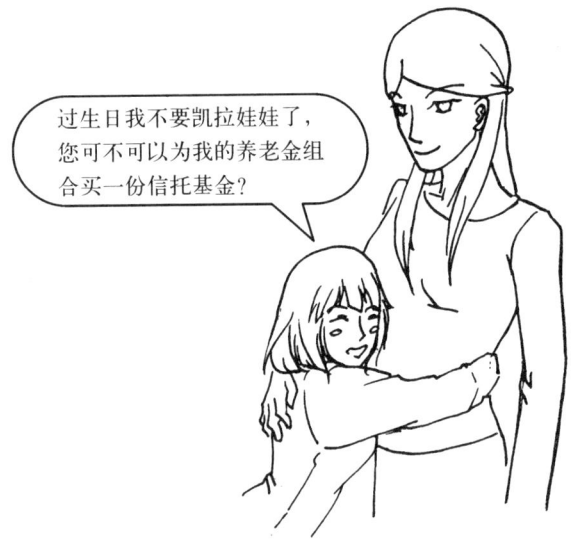

零花钱＋**其他收入**＝储蓄＋消费＋分享

除了拿到零花钱,孩子们还有各种各样的机会获得其他收入,比如生日礼物和从祖父母那里得到钱。这些是很好的收入来源,但没有规律。父母要教会孩子的就是通过自己的努力和投资挣到更多的钱。

通过自己的努力挣钱

即便父母能够养活孩子,还是应当鼓励孩子去工作。有句老话说得好:"自己挣钱才能明白金钱的价值。"鼓励孩子去工作,你可以高效地教孩子认识金钱的价值,从而帮助他理解钱不是从树上长出来的。

什么时候孩子可以开始挣钱?

当孩子觉得他的零花钱不足以涵盖他的消费和储蓄,他也愿意去挣额外的钱时,就是开始挣钱的好时机。

从日常或假期工作中挣钱是很好的方式,可以教会孩子承担责任,以及展现自己和管理金钱。

你需要去查阅一下你所在国家和地区的儿童劳动法和任何有关雇用未成年人的法律。举例来说:

* 在新加坡,12岁及以上的儿童可以在一些非工业性产业中从事一些较轻的工作。比如,麦当劳可以雇用14岁以上的儿童。低于14岁的儿童是不允许在工业性产业中工作的,除非家族性产业且只有家族人员在里面干活。工业性产业包括工厂、造船厂和运输运营等。①

---

① 欲知更多信息,请登录网站:www.lawsociety.org.sg/For-Public/YoutheLaw/Employment.aspx。

* 在中国香港,小于 12 岁的儿童除了可以在娱乐行业工作外,别的行业一概不允许。

为工作而准备

让孩子为今后的工作做好准备,这样不仅能让他成功,同时也能增强他的自信心。帮助孩子列一份适合他年纪的任务和技能清单。可以参照下面的问卷调查表来指导你的孩子。

工作问卷调查(需由孩子填写)

1. 我要做什么?
2. 为了做这份工作,我需要些什么?
3. 我什么时候开始工作?
4. 我业务的名称会是什么?
5. 我的产品或者服务是否有市场需要?
6. 谁会是我的客户?
7. 有哪些人也会从事我的业务?
8. 他们的收费是多少?
9. 我的收费是多少?
10. 每一份工作要花费多少时间?
11. 我想挣多少钱?
12. 我需要怎样的设备?
13. 为了开创自己的事业,我需要多少启动资金?

14. 我需要从父母那里得到怎样的帮助？
15. 我是否需要别人的帮助？
16. 我如何推广我的服务？

如果孩子要走门串户去找工作，要让他明白自我介绍和举止彬彬有礼非常重要。他应该先去拜访邻居和亲戚。帮孩子印一些有他自己头像的名片。他的前瞻性点子会让大人印象深刻。

将带有姓名的名片或者简历打印出来

自我介绍

我叫亨利·戈帕尔(Henry Gopal)，12岁，是一名英语和数学家教。在过去的两年里，我一直在教我的妹妹们和别的一至四年级的孩子(年龄从6到10岁不等)。我是一名尽职尽责

> 的家教,我很喜欢和小孩子打交道。
>
> 您可以拨打电话+65 1234 5678联系我。最佳时间是下午4点到晚上7点半。我每个小时收费10新元。我教过的很多学生都能拿到高分。
>
> 如果您想咨询我以前的学生关于我的一些情况,请和我联系,我会告知他们的姓名及联系方式。

可以看出,孩子会像成人一样为找到工作而好好做准备。让我们把孩子选择的家教当作一份工作来看待。要搞清楚什么才能成就好的家教,以及你的孩子是否适合去做。例如,一名好的家教:

* 是帮助别人学习而不是去代劳。
* 知道一些不错的家教技巧,比如要让学生知道他们应当知道的,给学生提供良好的反馈,每堂课都做好课堂记录。
* 仔细聆听学生,帮助学生做作业之前,自己要先理解作业。

关键是挣钱的机会要同孩子的技能、爱好和天赋相匹配。下面分享一些可以在家里、小区或者别的地方挣钱的好点子。

在家挣钱

在家做额外的家务。给家具掸灰、用吸尘器打扫房间、扫地和擦鞋子都是孩子在家挣钱的好办法。要允许孩子跟你协商到一个他最满意的价格。对大人来说,每小时5—10新元的价格其实很实惠。新加坡没有最低工资标准，2014 年清洁工的基本工资是 1 000 新元。用这个作为基准，一周就应该是 250 新元，一天就是 50 新元或者每小时 6.25 新元。记住这些应该是额外的家务活，不应算在他通常做的诸如帮助打扫家里等家务活之内。

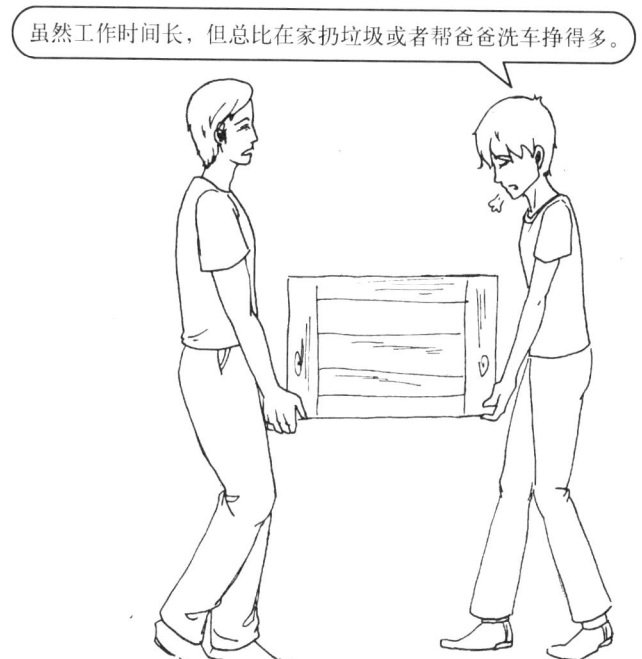

虽然工作时间长，但总比在家扔垃圾或者帮爸爸洗车挣得多。

朱福权有话要说

我们家有很多老照片，有张是我老父亲的，70 多岁了还在

> 给我家的狗洗澡。还有一张是我母亲的，40多岁的样子，在溜冰。这是我第一次也是最后一次看她溜冰。萨拉10岁时，有次学校放假，我让她去央求爷爷在每张老照片的后面写上拍摄日期。对他们来说，这都是好时光。

网上卖旧货。在网上输入"卖旧衣服"或者"卖旧书"等关键词，你会发现很多相关网站。孩子们可以在上面卖掉他们曾经喜欢的、品相还不错的东西。你也可以（甚至是为你自己）特别留心一些热门的打折货。

在社区附近挣钱

参加社区组织的旧货义卖。孩子们肯定都有很多长年不玩的玩具扔在壁橱里，还有成堆的因为长大了而穿不下的衣服。在家附近找到这样的跳蚤市场，预约一个位置，全家便可去享受欢乐而充实的一天。

帮邻居们跑跑腿，干点零活。这样做可以让孩子的存在变得重要。如果隔壁一条街的苏冉迪先生和太太知道有一位热情、表现好的年轻人愿意帮他们洗车、从杂货店里买牛奶、帮忙给书橱掸灰，他们也许就不会叫家里人来帮忙。带上孩子去拜访一些你认识的邻居，告诉他们孩子在找零工。大部分人都有一些想要做却还没来得及做的事情，告诉他们你家孩子也许可以帮得上忙。

第七章
其他收入

利用自身的技能挣钱

教别人使用电脑和智能手机。如今的孩子很早就接触电脑,他们会在学校的作业中学会使用最新的文字处理软件和电子表格。可以告诉亲朋好友你家孩子可以帮他们做 PPT,将音乐和电影上传到智能手机里,或者将照片存到云空间里或者 Facebook 上。

出售工艺品或者演奏音乐。如果你的孩子是艺术型的,要好好利用这一点。我们知道儿童文学作家会请儿童艺术家为其故事创作插图。我们还认识一个男孩,他会在婚礼上弹三到五首钢琴曲(当然包括《婚礼进行曲》)。

孩子通过自己的努力挣钱会学到什么

即便父母有各种各样的资源,放手让孩子去找一份工作挣点钱,也可以为他将来进入社会做更好的铺垫。他将学会如何展示自己,通过自己的努力后真正认识到金钱的价值,还有可能找到未来的职业之路。最重要的是,他明白了挣钱不易,但只要肯努力,只要有技能和热忱,任何人都能挣到自己的第一桶金。

通过投资挣钱

现在的孩子兜里大多有点钱,除了存起来,他们还可以做点投资。投资意味着你买进一些可以保值、增值的物品。例如,孩子可以在 eBay 上买一本 1959 年出版的超人插图,然后坐等它的价格上涨(很有可能哦)。大部分人都会买股票和债券来投资,这是因为通过大型的证券交易所(如新加坡证券交易所)可以很容易买到股票和债券。还有一个原因是很多大型公司比如麦当劳、美泰(芭比的生产商)和华特·迪士尼出售的产品在孩子中非常受欢迎。

向孩子解释什么是投资

投资就是通过购买一些可能会增值的产品或一直能产生持续价值的产品,使金钱的价值得到最大化的实现。对成人而言,这个定义很简单。但如何向一个 10 岁的孩子解释像外星人一样令人陌生的股票和债券呢?

家长面临的挑战是,在花钱可以带来很多乐趣的情况下如何说服孩子去投资。你可以告诉孩子,通过投资,将来他可以得到更多的回报,比他辛勤上班挣的还要多。投资真的能够跨越时间带来好的收益吗？让我们用迈克鞋业公司的例子来帮助理解吧！

每个人都喜爱跑步鞋和足球鞋。投资一家生产运动鞋的公司，看看投资如何随着时间的流逝带来良好的收益。你可以向孩子解释投资的过程。

解释为什么投资是有效的

假设有家公司叫迈克鞋业公司，专业生产运动鞋。所谓公司，就是这样一个机构，在这个机构中，一群人为了一个共同的商业目标比如卖汉堡或提供电脑服务而聚集在一起。

假设该公司有10个工人，每人每月能做一双鞋，那么这家公司一个月就能做10双鞋。如果这家公司将员工增加到20人，那么它一个月就能生产20双鞋。由于雇用的人数增加了一倍，公司的产能也增加了一倍。

然后，我们假设引进了一种特别的技术，可以减少每双鞋的加工时间。现在每个工人每月可以做3双鞋，那么迈克鞋业公司的产能就增加到一个月能生产60双鞋。

这就是投资中一个最基本的原则。高就业率和高科技会增加生产力。既然这些因素总是在改善或提高，我们就能预期在一个相当长的时期内，公司会处于上升阶段。

什么时候公司需要筹集资金

公司需要添置新的机器或者雇用更多的员工时，便需要筹集资金了。它们通常都是通过发行股票或债券的方式来筹集资金。

人们去买股票和债券,实际上就是借钱给公司。股票和债券是两种最常见的投资工具。

拥有股票

当我们去买该公司的股票时,就成了公司股权的持有者。作为股东,我们不参与经营。公司是由雇用的职业经理人和雇员来经营的。公司卖运动鞋产生利润后,管理层可以决定是将利润留下扩大再生产(买更多的原材料来做鞋),还是以分红的形式将利润分给股东(有点像员工的奖金)。

作为股东,我们就有投资风险。原因在于公司的收入通常是不能预测的,在某些年份会高一点,在某些年份又会低一点。这就会造成公司的价值在不同的年份产生波动。如果我们买了1 000新元的股票,5年后卖出,股票可能会卖到1 500新元,也可能少于500新元或者当中任何一个数目。

表5 五年期股票投资收益情况表

年份	第一年	第二年	第三年	第四年	第五年
价格	−1 000				?
分红	?	?	?	?	?

然而,从一个相当长的时间区间来看,研究显示,股票还是最有潜力的投资方式。

拥有债券

假设迈克鞋业公司是通过借钱而不是发行股票的方式来获得

资金,公司便可以出售或发行债券的方式来集资。在这种情况下,投资者买下债券,在特定的时间内将钱借给公司。公司会承诺每年支付利息,最后连本带息还给投资者。

举例来说,假设迈克鞋业公司出售5年期的债券,每年的利息是5%。这就意味着如果你买了1 000新元的债券(也就是借了1 000新元给公司),公司连续5年每年要支付你50新元的利息,5年到了,把本金1 000新元再退还给你。通过债券投资,你可以从投资一开始就很清楚地知道你能收到多少钱。通常,债券比股票要安全。

表6　五年期债券投资收益情况表

年　　份	第一年	第二年	第三年	第四年	第五年
本金(新元)	－1 000				1 000
分红(新元)	50	50	50	50	50

开始投资

在新加坡,18岁以上的成年人都可以在新加坡证券交易所进行股票和债券交易。很多家长会因为自己的孩子才十几岁就拥有股票交易账户而感到惴惴不安,因为他们不用经过家长授权就可完成交易。听上去很恐怖,对吗？是的,但你们可以指导他们。

孩子们可以从一些稳赢的安全牌开始,你也可以帮助他们来完成最初的投资交易。这里有一些观点供参考。

* 买孩子喜欢的公司的股票。比如苹果和耐克这样的公司

的股票。

* 投资信托基金。在信托基金投资中，一群投资者为了投资某种特定的股票和债券而走到一起。例如，他们也许会重点关注中国市场、全球债券或者生产奢侈品的公司。在新加坡，你可以在信托基金的经销商比如Fundsupermart上开户来投资信托基金。开设个人账户的最低年龄是18岁。只要你开了户，虽然孩子只有12岁，还不可以拥有自己的账户，但你可以建议他选一个单独的组合。你的个人账户上可以附加一个受益人账户。这个受益人账户只能由你来操作，但孩子能在自己的投资组合里看到自己的投资。

* 购买交易型开放式指数基金（ETF）。交易型开放式指数基金可以让你买到新加坡经济的小小一部分。下面是交易型开放式指数基金的运作。这种基金跟踪某一指数的变化，比如海峡时报工业指数（STI）。海峡时报工业指数涵盖30家在新加坡证券交易所上市的大型公司的股票。这些大公司都属于工业类，它们共同为新加坡经济提供了一个很好的基准参照。这就意味着如果新加坡经济陷入困境，那么海峡时报工业指数就会有向下的趋势。你也可以在新加坡证券交易所购买海峡时报工业指数基金。开户的最低年龄为18岁。

第七章
其他收入

做一个成功的投资人

有三点需要牢记在心：

* 言行一致。如果你嘴上说要节省，要谨慎小心，却到处借钱挥霍，孩子们会看在眼里。如果你生活很节俭，身体力行向孩子们展示如何做到延迟满足，那么他们也会把这些方法带到投资中去。先锋集团极富传奇色彩的创始人约翰·博格尔（John Bogle）认为家长不必跟孩子们讲太多关于投资的知识。他们很聪明，也善于观察。你如果不能满足他们的期望，就会辜负他们，所以要言行一致。

* 终身学习。投资意味着让钱替你工作，这样你就不用去打第二份工，也不用经常加班以提高收入。所以，在我们有限的生命中学点投资，和孩子多谈谈有关投资话题的重要性就不言而喻了。一些成功的投资者如沃伦·巴菲特（Warren Buffet）和彼得·林奇（Peter Lynch）写的书，都会给我们提供很多灵感和教训。

* 简单行事。不要让华尔街的行话把孩子们淹没了。只需解释拥有股票就如同拥有一家他们喜欢的产品的公司或者他们经常去的商店的一小部分。孩子们通常对分散风险和市场资本主义这些术语不是太感冒。他们更有可能会问"我怎样才能买股票？""我的投资现在价值多少了？"这类话。

邱缘安有话要说

我通过玩"大富翁""游戏人生"和"现金流"之类的桌游来教孩子们挣钱、消费和投资的理念。在和他们玩的过程中,当涉及如何管理金钱时,你可以观察他们的决策习惯。你可以找到很多机会去教他们低买高卖和购买资产,以便将来可以坐收财富。这些无价的人生经验可以通过非常有趣的方式教给他们,同时也让家庭成员更加亲密无间。

通过投资挣钱孩子学会了什么

投资背后最重要的理念是要积极利用金钱。将钱扔在一边,它就会随着通货膨胀而失去价值。我们有很多投资渠道,比如股票、债券、信托基金和交易型开放式指数基金,这些投资都不必拥有大笔资金便可开始。

投资无疑是有风险的,即使一些有经验的投资者也可能会功亏一篑。这就是为什么学习投资不仅对孩子很重要,对你也依然非常关键。孩子需要指导,如果一直以谨慎的态度对待投资直到退休,你可以学到很多,也能教会孩子很多。

投资可以让孩子在零花钱之外增加收入。让孩子早点接触投资,这种经历对你家庭财务的未来有不可估量的作用。

小测验

1. 你希望 16 岁的乔纳森假期去工作,而不是在购物中心闲逛和整天打游戏。他虽然也很想多点钱花,可还是拒绝了你的建议。你会:

a. 在他必须工作的前提下,帮他找到他最想干的活。

b. 减少他的零花钱数额,逼他去工作挣钱。

c. 强迫他去找工作,因为他在假期里浪费太多时间。

d. 随他去,在这个问题上不逼迫他。他这辈子要工作的日子多着呢。

(a) 3 分　(b) 1 分　(c) 1 分　(d) 2 分

其实鲜有不喜欢工作的人。工作不仅能挣钱,还可以让人有价值感。你需要帮助乔纳森找到他喜欢做的事情。如果他喜欢在购物中心遇到形形色色的人,也喜欢谈论电脑游戏,也许在一家电子用品商店做个零售员对他来说就是一个不错的选择。不要减少他的零花钱,因为不管他暑假打不打工,都不应影响这些常规收入。大可不必逼他去找工作,让他在家多干点家务活挣钱也是一样的。

2. 15 岁的斯蒂芬妮在一家快餐店找到一份零工。这份工作要求她即使在上学期间周末的某一天也必须到岗。她很享受工作挣钱的感觉,所以希望能多工作几个小时。你会:

a. 告诉她想清楚了什么是她的重中之重再去工作。

b. 设定工作时间额度,否则她的学业会被耽搁。

c. 只要她完成了学校里的功课,还有足够的休息时间,就放手让她去做。

d. 设定工作时间额度,多给点零花钱来补差额。

(a) 3 分　(b) 1 分　(c) 1 分　(d) 2 分

上学期间去打工是学习技能、增加经验值和赚取零花钱的绝佳机会,但要平衡好学业和工作的关系。孩子和家长必须就她一周工作长度不超过多少小时达成一致。她一定要保证完成学校课业,同时有足够的休息时间。不能因为她需要更多的钱,就调整她的零花钱。零花钱是基于有计划的预算。

第七章
其他收入

3. 12 岁的莎莉一直在帮邻居打扫厨房,以挣取额外的零花钱。你从邻居那里得知她的活干得并不好,每次莎莉打扫完之后,他还得再打扫一遍。你会:

a. 给莎莉更多的家务活以示惩罚。

b. 跟邻居谈谈,看看如何能改进莎莉的工作。

c. 告诉邻居莎莉只是个孩子,大可不必那么挑剔。

d. 找出莎莉活没干好的原因,也许她只是不擅长打扫。

(a) 1 分　(b) 3 分　(c) 1 分　(d) 3 分

要将一份工作做好,莎莉要知道好坏的标准,家长也需要清楚邻居的期望值。成人世界的任何一份工作,双方都需要达成一致意见。莎莉和邻居可以将这个一致意见写下来,作为一份简单的合约,这对双方都有好处。家长还要看看莎莉是否更适合其他工作。有些孩子喜欢在室内打扫,有些则喜欢在室外干些体力活。尽量找那些适合你孩子能力和兴趣的工作,同时也要记住,当我们要挣钱糊口的时候,就不能这么挑剔了!

4. 你给儿子特里开通了受益人账户,可是他对投资毫无兴趣。你买了麦当劳的股票,他说这太无聊了。你会:

a. 了解清楚特里为什么不感兴趣。

b. 支持特里从储蓄罐里拿出钱放入账户里。

c. 关闭账户,等待合适的时机再同他去讲这些话题。

d. 自己继续投资,时不时告诉特里你的投资进展情况。

(a) 3分　(b) 3分　(c) 2分　(d) 3分

分辨穷人和富人的标准之一,就是看他们会不会让钱生钱。除非孩子具有企业家般的雄心大志,一般的孩子长大后都是替别人打工,领一份薪水。学会投资是人生的一项重要技能,因此要搞清楚特里为什么不喜欢投资。如果是因为大量的数字让他倒胃口的话,可以带他去麦当劳转转,告诉他作为股东,麦当劳每卖出一份汉堡或一杯圣代,都意味着他在赚钱。鼓励他把零花钱存到账户里当作长期储蓄。对他放入账户的钱要给予支持,这样,每次他都能看到自己账户里的钱在翻倍。你需要对自己做的事情负责。因此,你自己也得投资,不停地学习,要领先孩子几步才能指导他。

5. 贾斯廷想知道更多关于投资的知识。他问了一些问题,你却很难回答。你会:

a. 告诉他,他的首要任务是学好学校的功课。

b. 为了学习和挣钱,开始学习投资。

c. 送贾斯廷去投资课堂学习,他可以得到专业的回答。

d. 自己去参加投资课堂的学习,阅读有关投资的书籍。

(a) 3分　(b) 3分　(c) 2分　(d) 3分

财富是在闲暇时光创造的。我们来看马克·扎克伯格(Mark Zuckerberg)。他当年在哈佛大学的寝室里利用空闲时间创立了Facebook。学校不只是死读书的地方。如果孩子一直会问一些很难的问题,这恰好能促使你跟着一起学习。送他去学习的同时,自己也去学习。广泛阅读,亲自投资。数额不用大,但需要每个月都跟踪对账单、投资资产的价格以及你所购买产品的公司新闻等,要学会享受投资的整个过程。你知道的越多,你就会越享受其中。成为一个成功的投资者,就能让家庭获益的概率变高。

第八章

感　恩

心怀感恩是通向幸福生活的密钥。如果我们不懂得感恩，那么不管我们拥有多少，我们都不会开心，因为我们总是想得到别的或更多。

——大卫·斯坦德尔-拉斯特（David Steindl-Rast）

（圣本笃教团僧侣成员）

第八章
感 恩

孩子是怎样表现出不懂得感恩的

一个倒霉父亲的话

布莱恩很迷恋变形金刚里的角色。无论什么时候,只要路过玩具店,他就会央求我们买。考虑到没啥能够像变形金刚一样让他快乐,我就给他买了市面上最贵型号的变形金刚当作圣诞节礼物。

"打开礼物他肯定会充满感激的!"我告诉自己。是的。布莱恩的兴奋持续了大约一周。然后,我们就发现变形金刚被他扔到衣橱里了。布莱恩又开始央求我们买别的玩具——一个火车套装、一把水枪、一个篮球。

"你以为他会为他所得到的心存感激,"我向妻子抱怨道,"但实际上,我们给予的越多,他反而越不会感激。"

下面这些话看着是不是很眼熟?有时,孩子会表现出不懂得感恩。

* "妈妈,我要你帮我做家庭作业。立刻,马上!"
* "这个东西看上去好恶心!我才不要吃!"
* "我不要去看爷爷,你不可以强迫我!"

感恩带来快乐

精神导师艾琳·卡迪(Eileen Caddy)说过:"感恩有助于成长,感恩会给你的生活和你周围的人带来快乐和欢笑。"学会感恩,孩子会:

* 更加敏锐地察觉别人的情感,培养共情和其他生活技能。
* 从自己的小宇宙中走出来,能明白父母和他人为自己所做的奉献——准备晚餐、买玩具、爱的拥抱。

但是教会孩子懂得感恩绝非易事,孩子年少时,天生都是以自我为中心,因为他还没有培养出共情的意识。

没有人生来就会感恩,孩子并不能意识到别人在特地为他做事——感恩一定要去教,也一定要去学。

教导孩子懂得感恩

没有学会感恩的孩子,最终会认为得到的一切都是理所当然的。他们总是感到失望和不高兴。心怀感恩的那些瞬间会让我们内心充满喜悦和平静,也让我们和周围的一切联系更加紧密。那些瞬间会让我们感到自己是幸福的。

我想和大家分享一下如何教导孩子懂得感恩。但在此之前,我们要注意避免以下四点。

教导孩子懂得感恩的过程中不要做的事情

教会孩子说"谢谢"是远远不够的。更重要的是,要教会孩子发自内心地感恩。很多时候我们想教导孩子懂得感恩,却起到了

反作用。举个例子:

* 强迫孩子去感恩。"你应该为你身上穿的衣服而感恩。"这句话和"不要哭!"没什么区别。
* 让孩子心怀内疚。"亲爱的上帝,我们感谢所拥有的一切,因为我知道这世上还有很多孩子无家可归,没有深爱着他们的父母和好玩的玩具。"这就等同于说:"也许你不配得到你所拥有的一切。"这种做法只会让孩子感到内疚,而不是学会感恩。

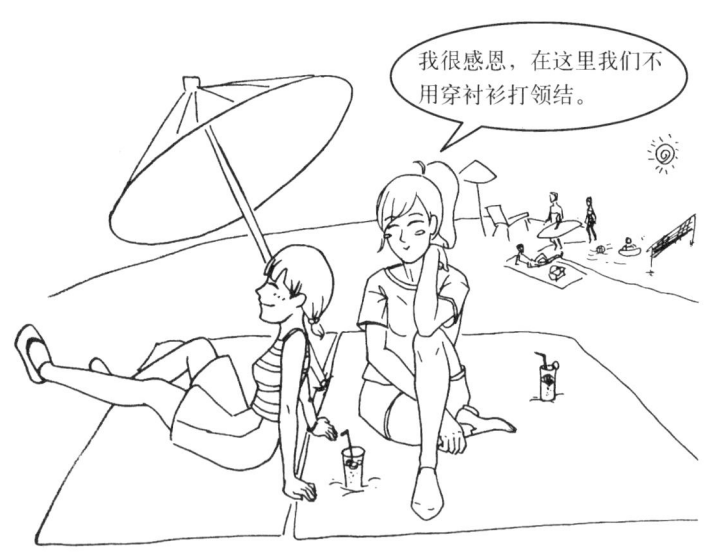

和孩子日常交谈时,要多讲积极正面的事情,当你经常去强化这些,这些就会在孩子心中生根发芽。以积极正面的态度说话。

* "有山姆这只猫,我们真是太幸运啦!"

* "这雨滴声听起来是不是叫人心旷神怡?"
* "我很开心你能听我讲话。"

让孩子参与到家务劳动中来,并且完成它

一旦你给了孩子家务活,即便他擦个桌子也要好半天,或者把煎饼的面糊搞得一团糟,你也要忍住怒气让他做完。

家长很容易去介入,然后自己就把事情做了。千万不要这样做。你为他们做得越多,他们越不会领情。(你不也是在自己洗碟子的时候,才会对洗碟子的人产生共情吗?)

让孩子参与简单的家务劳动,孩子会意识到这些事情都是要付出努力的。

朱福权有话要说

我小时候很喜欢《小天使》(*Pollyanna*)这部20世纪60年代的电影,看了很多次,每次都为之精神振奋。在影片中,主人公波莉安娜是位孤儿,和有钱的姨妈波莉住在一起。波莉安娜每天都在玩"找快乐"的游戏,这是她从爸爸那里学到的一种保持乐观态度的方法。游戏的目的就是让人在任何情况下都要保持快乐。有一年圣诞节,波莉安娜很想得到一个布娃娃作为礼物,可最终发现礼物竟然是一对拐杖。波莉安娜的表现很好地诠释了"找快乐"游戏的真谛,她说她收到拐杖很开心,因为"我们不需要它们"。

> 如果你想找一个现代的版本,可以试试《阿甘正传》(Forest Gump)。阿里巴巴的创始人马云情绪低落时就会去看《阿甘正传》,以寻求激励。这部电影他看了十余遍。将感恩融入你的日常交谈中。

教会他们看到不喜欢的人的闪光之处

我们知道,要做到这点很难。告诉自己,当遇到无法相处的人,比如很难缠的同事,要这样行事。大部分人不会选择硬碰硬,而会选择回避。

孩子也需要学会这点。让孩子写下老是惹他的人的优点。这些优点会有助于他面对难缠的人。当他能够做到这一点,将极大地提升自己的生活幸福度,促进他的个人成长。

第八章
感　恩

遇到生日和特殊节日，发放"父母优惠券"

贾克琳在学校测试中表现优异。你可以给她发一张"父母优惠券"作为礼物。这张优惠券可以换睡前多讲一个故事、在海边骑车或去动物园玩一天。

同样，要鼓励孩子给你发放"孩子优惠券"，这些优惠券是他可以为你做的事情，比如一天不打架，洗澡不吵闹，面带微笑打扫房间，即任何让你觉得开心的事情。

邱缘安有话要说

让孩子学会感恩的方法有很多种。感恩是日常祈祷的一部分，我的孩子们在大人的带领下，先要感谢上帝给予的一切，同时感谢生命中的每个人。当家中有人过生日，孩子们会自己做贺卡，写下她们对祖父母甚至保姆的感激。我们常带她们去孤儿院、儿童之家和寺庙做志愿者，在那里，她们会明白那些一无所有的不幸的人过着多么悲惨的生活。孩子们看到这一切，就不会随意要求买玩具，如果要求遭到拒绝，她们也不会大发脾气。我们给予她们的，她们也能很感激地接受。

怀着感恩的心接受别人的夸赞

通常，人们大多能很愉快地接受一些正面的反馈，但也有一些人面对真诚的夸赞时却很难接受。你是否曾经这样夸赞过孩子："盖瑞,你那个学校项目做得真不赖。你对艺术还是很有眼光的。"却听到他这样回答你:"哦,爸爸,没什么大不了的,这只是个学校项目而已。"

学会接受有意义的夸赞能增强孩子的自尊,强化孩子好的行为。那么,我们在教孩子接受夸赞时,哪些是应该做的,哪些是不应该做的?

受夸赞时应该做的

只需说声"谢谢"。要让别人明白你是很看重赞赏的。"谢谢你这么说,我确实尽了最大的努力去做这个艺术项目。"

受夸赞时,应该友好地看着别人的眼睛,面带微笑。告诉孩子们,如果做不到这几点,感谢的话就会显得不那么真诚。

受夸赞时不应该做的

别人夸赞你时,不要持否定态度。如果人家夸你高尔夫球打得好,不要说"我今天的表现实在太糟糕——我平时可以得更高的分"。你也许认为这样会表现得比较谦虚,可是,在外人看来,你是在侮辱夸赞你的人;他们甚至会认为你没有良心。

还要教会孩子不要随随便便把功劳归到别人头上去。不要讲"哦,如果没有艾丽,这件事情我是做不好的"这种话。要为自己的优点感到自豪,自信地接受夸赞。

不要马上去奉承别人。虽然夸赞别人是好的,但别人夸你之后你立即夸别人,难免会让人觉得不真诚。

第八章
感 恩

小测验

1. 你给 12 岁的布莱恩买了最贵的变形金刚作为圣诞节礼物。他玩了一个星期,现在又吵着要更多的圣诞节礼物。你会:

a. 提醒他,跟穷孩子相比,他拥有的太多了。

b. 告诉他如果他想要更多的玩具,他应该自己攒钱买。

c. 把变形金刚收回来,等他懂得感恩了再还给他。

d. 在一些特殊的场合,比如圣诞节,要限制玩具的数量。

（a）1 分 （b）3 分 （c）1 分 （d）3 分

如果你一直给布莱恩买玩具和零食,是没有办法教会他感恩的。控制玩具的数量能教会他更加珍惜他所拥有的,而不是哭闹着要别的孩子所拥有的。如果他想要的玩具不在他的生日礼物清单上,那么他需要从零花钱中省出一部分钱来买。告诉他和别的孩子相比他有多幸运,只会让他产生不必要的内疚感。当已经承诺把玩具送给他,再把玩具要回来,这种做法也欠妥。这同时也传递了一个信号,表明你在遵从预算计划方面也许没做好,没能控制好他对玩具的贪念。

2. 丹尼斯科学考试得了 B+,这相比她上次的考试成绩 B 来说,已经是有进步了。你夸赞她:"干得不错,丹尼斯!"她回答:"哎呀,考到 A 才算好。"你会:

a. 考到 A 才会夸赞她。

b. 教她来夸赞你一番,这样才公平。

c. 教她在受到夸赞后学会说"谢谢"。

d. 告诉她,如果她拒绝别人的夸赞,别人也许就不想去夸赞她了。

(a) 1 分　(b) 1 分　(c) 3 分　(d) 3 分

夸赞某人却被驳回来,不仅让人觉得无礼、不真诚,也十分让人恼火。如果你夸赞的这个人拿到的分数比你高,那就更让人感觉不好了。怀着感恩的心说声"谢谢",是每个孩子(成人)最基本的礼貌修养。也不要马上反过来夸赞别人,这样会显得不真诚。与其这样,何不一开始就先夸赞对方呢?

第八章 感 恩

3. 16 岁的贝茜已经变成了一个不懂得感恩的青少年,在家她很少帮忙。你花了很多钱去抚养她,她却看上去一点都不珍惜。你会:

a. 她对你不尊敬时,马上走开。
b. 让她每周有一个晚上负责做晚餐。
c. 如果她在家不帮忙,就取消一些待遇。
d. 让她每个月都陪你去孤儿院。

(a) 3 分　(b) 3 分　(c) 3 分　(d) 3 分

孩子不懂得感恩不是天生的,是家长的过分溺爱造成的。所幸的是,这个没良心的青少年是可以改造的,以上四个选项都可能有效果。家长可以要求这些十几岁的孩子对家庭和社区做出有意义的贡献。如果做晚餐时鸡烧焦了不能吃,不要去叫比萨外卖来帮她。成人在现实生活中要面临的结果,孩子们总有一天也要碰到。过度保护会阻碍孩子的发展。在孤儿院做志愿者不仅能帮助别人,同时也可以让孩子在目睹别人的生活中做出改变。过一段时间,她会发现那些生活中远不如她的人也能在生活中继续前行,保持快乐。但是,要保证这是个经常性的活动,而不只是走个过场,让家人开心而已。

结语

大量的研究显示,保持感恩的态度能促进人心理上、情感上和生理上的健康发展。[①] 经常心怀感恩的人,要比那些做不到这一

[①] 欲知更多信息,请参见:Melinda Beck. "Thank you. No. Thank you". *The Wall Street Journal*, 23 November 2010。

点的人更加精力旺盛,更加积极向上,拥有更多的朋友和快乐。他们会挣得更多,睡得更香,锻炼更频繁,也更能抵抗疾病的入侵。

　　孩子也能从中受益。心怀感恩的孩子比一般的孩子物欲更少,能取得更好的成绩,设定更高的目标,在和朋友、家人相处时更加容易感到满足。

第九章

上大学

为大学学费储蓄和做准备

人们普遍认为,拥有大学本科学历是走向职业成功的关键,同时也会提高孩子未来的收入。这是不是意味着父母们必须为此埋单?

众所周知,大学教育的费用可不是一笔小数目。

表 7　2014 年与 2024 年四国大学费用及通货膨胀率、生活成本通货膨胀率

	新加坡	澳大利亚	英 国	美 国
2014 年(新元)	32 640	208 000	203 200	290 800
通货膨胀率(生活成本)(%)	1	2.1	3	2.3
通货膨胀率(教育)(%)	6	8	8	6
2024 年(新元)	58 453	367 399	379 687	520 778

别被这些数字吓到了。孩子的教育费用可以通过奖学金和学生贷款来解决一部分。如果早点存钱、定期存钱、理智投资,剩下的那部分也不用发愁。

为大学学费投资

当大学学费的通货膨胀率是生活成本通货膨胀率的两到三倍时,光通过储蓄账户给孩子的大学学费存钱并非优选。要为四年的大学生涯存够钱,家长需早做打算,激进投资。如果距离孩子上大学还有 10 年以上的时间,将更多的钱投到股权中去,不失为一个好办法。"股权"可以说是"股票"的同义词,它是一个更宽泛地确定公司所有权或别的资产比如房地产所有权的名称。可以和理财顾问谈谈,请他帮忙策划。

千万不要把钱放到一两个基金里就不去管了。至少做到每年去看一下基金的业绩。当孩子离上大学还有 5 年的时间,要开始把钱转到债券基金,以降低市场波动所带来的风险。

然后,在你孩子上大学前的 2—4 年,在股票和债券账户里要

有足够支付前两年费用的现金,将之放在安全又容易取的地方,比如货币市场基金或者固定存款里面。如果你等到快要用钱时再去取,万一当时市场不好,而你又不得不将之取出来,那么损失就不可避免了。

支付大学费用

一些家长会不管自己将来退休后的生活,替孩子把大学的费用都付掉。但是对很多家长来说,将学费全部付掉是不可能的。大学费用可能是除住房开支之外最贵的一笔开销了。除非你存有足够的钱,可供孩子们上学和自己退休后用,否则在如何支付孩子们的大学费用问题上,你必须做出慎重的选择。

朱福权有话要说

我父母帮我支付了在美国读本科的学习费用。他们自己没能上大学,所以希望我不要在读书时还要为钱担忧而去打零工。他们卖掉了家里的房子,搬到更小的地方住。而我并没有因为他们替我付了钱就不工作了,我做了三年的清洁工,一周要打扫五天的地板和厕所。能为自己的教育开支做点贡献,我感到很自豪。

为什么父母不应该考虑全额付清大学的费用

有以下三个理由(即使你有足够的钱)。

* 上大学可以贷款,退休了就不能贷款了。全额付清大学费用可能会让你延迟 5 年或者更长时间退休。在职业生涯的最后 5 年中,你得到工作机会的概率在减少,有可能在某个时间你的积蓄就花光了。记住,你的孩子还有很长的时间来还他的贷款。
* 这样做可以让你的孩子更加努力学习。如果他明白支付大学费用是他的责任,就会对学习更加上心,因为成绩好就能赢得奖学金。
* 这样做可以让孩子更早有责任感。孩子 18 岁就应该懂得人要有责任感,而不是等到 26 岁。很多年轻人已经二十多岁了,心智还只有十几岁,这样的例子比比皆是。

分摊大学费用的账单

从一开始,我们就建议你不要想着付清所有的大学费用账单。如果孩子离开家去上大学之前,你能拿出三分之一的钱,就已经做得相当不错了。

* 可以考虑从你未来的现金流中拿一部分出来支付三分之一的学费。
* 让孩子自己去借剩余的三分之一。

与此同时,要确保你在为自己的退休生活进行储蓄和投资。然后,在三件事情上努力:增加薪水,增加奖金,提高意外的收入。将这些不固定的现金流作为孩子读书的费用和你退休后的生活备用金。

朱福权有话要说

当萨拉出生时,一个理财顾问说服我,让我每月拿出 250 新元存入为她设立的捐赠基金里。尽管我那时觉得为时过早,还是在文件上签了字。等到她 18 岁,这个捐赠基金支付了几乎两年的学费。

邱缘安有话要说

我和妻子在孩子很小的时候就尽自己最大的努力教她们独立。尽管我们雇了两个佣人,我们还是坚持让孩子铺床、洗碗、洗自己的鞋子和帮忙摆餐具。她们把家里弄得一塌糊涂时,得自己收拾。这种教养方式使她们比同龄人更成熟、更独立、更自信。

作为父母,我们拿出了一部分钱用于储蓄和投资,这部分钱用来支付她们将来的大学学费。我们没想过要花几百万送孩子去国外读书,上本地大学,外加助学金是更加明智的选择。如果她们想去国外深造,她们得好好学习,努力拿奖学金。

我认为,孩子应该通过在大学打零工的方式支付部分大学学费和日常开支。首要的原因是这样会让他们真正珍惜教育的费用,把学习更当一回事。更重要的是,比起课堂中学到的专业知识,从工作中获得的经验对他们未来的职业发展更有价值。

孩子为自己的大学学费存钱

有一些简单的策略可以帮助孩子增加教育储蓄账户中的金额。

* 尽快为孩子开通专门的长期储蓄账户和投资账户。7岁的孩子就可以开设银行储蓄账户了。孩子同时还可以拥有一个受益人账户,只要关联在家长的投资账户上即可。
* 考虑每月从你的支票里自动转账。自动转账少了很多麻烦。也可以让家人、朋友用帮孩子存学费的方式送给他们,而不是买礼物。要确保孩子收到钱后写一张感谢条,这样的字条总是很受欢迎的。

第九章
上大学

* 鼓励孩子为自己的大学费用存钱。要让他们为自己的大学费用贡献一定比例的学费。
* 定期给他们看账户里的余额,让他们为自己账户里钱的数目感到高兴。除了储蓄,要教会他们不同的投资手段,向他们展示怎样做才能在上大学时攒够读书的费用。至于投资选择,可以请理财规划师来帮你认真考虑,这些规划师会根据你的长远目标规划你的理财分配。

我总是非常惊讶于现在 6—8 岁的孩子能理解未来十年或二十年发生的事情。这是因为当今的互联网和社会媒体让世界更多地展现在孩子面前。他们成长得比我们小时候快得多。所以,一旦他们进入小学,就可以让他们参与到大学规划中去了。

奶奶,谢谢您,我要给您一个大大的拥抱。您给的100新元将放进我的大学学费基金里。想到将来我能学做一名工程师,我就好兴奋。

孩子在上大学之前需要掌握的三个重要技能

做预算

当孩子们踏入高校的门槛时,"做预算"对他们来说不应该是个新名词。让他们列出最初两年预计要花费的费用清单。大学一般也会给出学生大致的预算,比如租房、吃饭、学费、交通、保险、娱乐和服装。在分配钱之前,一定要让他们做好合理的预算。钱是有限的,他们必须计划好怎么用。

会烧饭

想要过得好,就要吃得好。吃得好的唯一办法就是会烧饭。可以送孩子去烹饪学校学习烧饭。在大学费用预算里要加上一套好的厨房用具——锅、碗、瓢、盆。带他们去食品杂货店采购食材,教他们学会在冰箱里储存水果、蔬菜和其他健康的零食和食物。时不时地让他们为你做做饭,当然你最好能吃下去他们烧的饭菜。

做烤鸡的程序
1. 用调料将鸡肉腌好。
2. 将鸡烤成焦炭。
3. 叫比萨外卖。

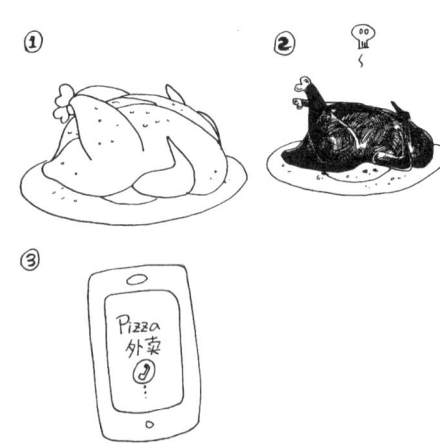

所有这些都会帮助孩子们成长,因为上大学可能是他们人生中第一次离开你,第一次要自己做饭给自己吃。他们也可以购买套餐,或在学校的自助餐厅吃,但如果时间不规律或太晚的话,健康的食物就有可能售罄了。

> **朱福权有话要说**
>
> 和别的父母一样,2012年在萨拉去亚利桑那州立大学之前,我们开始教她一些生存和生活的技能。她就读于一家蓝带高中,在青年交响乐团拉中提琴,会简单的中文和法语。但我们忘了一件事情,我们忘了教她做饭。在大学的最初6个月里,她的体重飙升了9公斤,就因为每天吃微波炉食品、半夜吃油腻的汉堡和中式外卖。

学会和室友相处

大学也许是孩子们第一次和刚刚碰面的人共处一室。有室友是一种挑战,也是大学生活的重要组成部分。

即便孩子和新朋友相处没什么问题,在他离家和陌生人同住之前,也要给他一些准备。以下是大学校舍管理员的一些建议。[1]

* 一开始就讲清楚。如果孩子有洁癖或者习惯晚睡,需要让

---

[1] Brain Burnsed. "Five Tips to Getting Along with Your Roommate". *US News*, 13 August 2010.

室友知道他的一些小怪癖和喜好。这种交流有助于大事化小，小事化了。

* 他们并非一定要成为好朋友。也许你的孩子跟室友会成为一辈子的好朋友，但要明白这并不是常态。孩子对室友的期待应该是他们会尊重他及他的私人空间。超越这些，都是修来的福气。
* 制订规则。告诉孩子，在最初相处的日子里坦诚对话，制订规则。不论是打扫房间、听音乐还是朋友来访，室友们都要知道彼此最反感哪些举动。

你的孩子对室友来说也是个陌生人，他们要竭力去融合、调整。所幸的是，大部分室友为了最重要的事情——拥有愉快的大学生活和顺利地从大学毕业，都能做到友好相处。

朱福权有话要说

去美国上大学之前，我就是自己房间的国王。我从来没想到四年的本科学习，我会和来自马来西亚、伊朗、巴基斯坦、美国、越南、西班牙、尼日利亚、中国等国家的同学共处一室。这是一段既新奇又令人沮丧的经历。如果我能从头再体验一遍大学生活的话，至少我会上网去了解清楚各个国家的风俗文化，甚至学几句他们最喜欢的话。

小测验

1. **恭喜！你的儿子一年之后就要上大学了，而你已经给他攒够了上国内大学的钱。你会：**

   a. 让他借三分之一。

   b. 为他付掉所有的学费和住宿费。

   c. 鼓励他在校园里找一份工作。

   d. 如果他想出国读书的话，不要为他付掉所有的费用。

   (a) 3 分　(b) 2 分　(c) 3 分　(d) 3 分

   即使你有能力付掉所有的费用，让孩子负担一部分大学费用总不会错。如果你实在很想全部付掉，可以和孩子达成协议：如果读国内大学，你可以全额支付；如果出国读书，他就必须负担一部分费用。不管他是在国内还是在国外读书，都要鼓励他在校园里找工作，他会遇到各种各样的人，学到有价值的工作技巧。

2. **你早已为吉米攒好了上大学的费用，刚刚得知她获得了 5 万新元的奖学金。你会：**

   a. 给吉米 1 万新元，她想怎么花就怎么花。

   b. 从她的大学基金里拿出 3 000 新元去度假。

   c. 把钱留下来，帮她买她自己的第一套房子。

   d. 把她的部分大学基金转到你自己的退休基金账户里。

   (a) 2 分　(b) 2 分　(c) 3 分　(d) 3 分

   孩子拿到奖学金就如同买彩票中了奖。不要把钱挥霍光，当然，拿出一部分去享受还是可以的。你可以拿出一小部分给吉米作为奖励，但1万新元实在有点多。你也可以拿出一部分钱度个假。毕竟你为了给孩子攒学费辛苦了这么多年，一次性花掉3 000新元应该是个比较合理的数目。我们觉得用这笔额外的钱给她买套房子这个想法不错，人一旦有了自己的房子，就有安定感，在经济上心态也会好很多。

3. 吉莉安从5岁起就拥有自己的房间，她一点都不期待上大学，因为要和别人共处一室。你会：

a. 去找那些可以提供单人间的学生宿舍。

b. 如果上本地大学，就让她住在家里走读。

c. 告诉她别无选择，要学会和别人共处。

d. 送她去女生营或拓展训练营锻炼一下。

　　(a) 1分　(b) 1分　(c) 3分　(d) 3分

　　让吉莉安住在家里，把她照顾得无微不至，这样做是极端错误的。她不仅会错过结交朋友的机会，甚至可能难以融入社会。可以送她去女生营待上一两个星期，那里20个女生共处一室。告诉她和别人共处一室乐趣多多，但也要让她做好同室友相处的准备。

4. 内森过几年就要上大学了，而你攒的钱只够付他大学第一年的学费。你会：

a. 用你未来的薪水支付。

b. 努力工作，多挣点钱。

c. 准备从退休准备金里拿出一些钱。

d. 告诉内森他上大学要贷一部分款。

（a）3分　（b）1分　（c）1分　（d）3分

计划用未来的薪水支付。要提醒内森他必须申请贷款来共同承担。绝不要把自己的退休计划扔在一旁不管。一旦你这样做了，等内森毕业后，你就没有足够的时间来重新填满你的退休准备金了。

结语

你还未曾觉察，孩子们已悄然长大。小时候，家给予了他们舒适的环境和生活，上大学则意味着他们要离开舒适的家和陌生人一起住，有时甚至是在异国。

更重要的是，大学学费并不便宜。如果你计划在12年以后将孩子送到大学深造，需要考虑存下50万新元左右的教育基金。要资助他们，但不要全额资助。不要忽略自己的退休准备金。

第十章

为意外做准备

我们每天都经历着各种各样的惊喜和意料之外的事情。大部分事情对我们的生活没有太大的影响,然而,有些坏事却会给整个家庭带来极大的困难和压力。

意料之外的事情也是可以规划的。要承认惊喜和意外都是生活的一部分。如果你能接受这个事实,并制订应对意外发生

第十章
为意外做准备

的相应计划,那么不管生活中发生了什么事,你都能够较轻松地应对。

在电影《大鱼》(*Big Fish*)中,年轻的爱德华(男主角)和他的朋友遇到了当地一个镶着玻璃眼珠的巫婆。巫婆告诉他们,任何人只要看到她的眼珠就能预知自己的死亡。爱德华知道了自己最终将如何死亡后,决定选择过充满冒险的有意义的传奇人生,因为他知道自己最终都能安然无恙地度过这些危机。

这一章,我们要讨论两种重大意外的发生,以及如何帮助孩子度过这些困难节点——离婚和财务突发事件。下一章,我们会讨论第三种意外——父母的死亡,同时讨论如何帮助孩子面对父母的死亡,父母如何给孩子留遗产。

应对离婚

现如今,离婚率居高不下。虽然新加坡每年给出的离婚率统计数据都让人感到恐怖,但更让人感到恐怖的数据是夫妻结婚之后离婚的概率。根据新加坡数据统计局的数据,2012 年,20 岁及以上的当地已婚居民每 1 000 人中有 7 人离婚。在英国和威尔士,42%的婚姻最终以离婚收场。[①]

更可怕的是,如果父母离婚,孩子离婚的概率要比父母不离婚

---

① Officer for National Statistics. "What Percentage of Marriage End in Divorce?" 9 February 2013.

的同龄人高出40%。换句话说,如果你离婚了,你的孩子就可能也会离婚。①

大部分的离婚都不是双方和平友好地分手。有着丰富经验的家庭律师艾伦·李(Ellan Lee)在33年的职业生涯中处理过2 000起离婚案例。他这么多年处理过的案例中,只有不到10起的离婚案中,夫妻双方表现出的是诚意,而不是唇枪舌剑,针锋相对。②

---

① Nicholas H. Wolfinger. Understanding the Divorce Cycle. Cambridge University Press, 2005.
② ThamYuen-C. "Ugly Divorce Cases Nearly Made Me Shun Marriage". *The Straits Times*, 16 September 2014.

第十章
为意外做准备

离婚调解

众所周知,离婚最大的受害者是孩子,而不是夫妻双方。如果你和配偶准备离婚了,还是要考虑请人调解一下。调解就是夫妻双方和一个中立的第三方来讨论离婚的条款以及如何操作对双方更重要的是对孩子最有利。

一些国家(比如新加坡,从 2011 年 9 月起),21 岁以下有子女的夫妻如果要起诉离婚,必须参加规定的咨询和调解。这些咨询和调解在离婚程序的早期进行,可以帮助夫妻双方更加理性地面对自己的情绪,理解和关注孩子们的需要以及在离婚后如何扮演好父母的角色。只有这样,他们才不会纠结于彼此的纷争,从而继续自己的生活。[①]

邱缘安有话要说

我和妻子都是从离异家庭里走出来的,所以我们很清楚当父母相处不好时,孩子有多可怜。唯一的好处就是妻子和我都承诺要尽量避免我们父母犯的错误——交流不公开,在

[①] "Child Focused Resolution Centre — Phase Two". *SubCourts News*, Issue 6,1 June 2013.

> 培养孩子的问题上无法合作。我的父亲和母亲在怎么培养我的问题上完全是两种风格。母亲是我要什么就给什么,非常溺爱我。父亲则完全相反。他非常严格,坚持我必须自给自足。不用说,在教养上的分歧直接导致他们的战争。
>
> 从中,我意识到一个家庭(就如同一个公司或一个国家)只能有一个老板。别的总监(配偶)在最佳选择上可以发表不同意见,但老板有最后的决定权。双方都必须尊重最后的决定。一旦做了决定,总监必须在别人面前和老板站在一条战线上,特别是在孩子面前。
>
> 在管理全家的财务问题上,我是老板。在管理孩子的事务上,我妻子则是老板。如果在教养孩子的问题上有了分歧,妻子有最后的决定权,我全力支持她。这就是婚姻和养育孩子成功的关键。

离婚后也要规划好

每一对站在婚礼殿堂的夫妻都想白头偕老。不幸的是,现实中婚姻走向劳燕分飞的概率还是很高。父母要明白婚姻虽然结束了,但共同抚养孩子的责任还在。但是,离婚后,在共同抚养孩子的问题上,新的争端又会出现。下面这段话是不是听起来很熟悉?

> 宝拉跟爸爸待了一个星期刚回来。她穿了一条新的牛仔裤,买了一个新的手机(她一直存钱想买这款),还在那里开心地谈论着刚看过的电影。天啦!我要疯了。

统一口径

有一个策略可以避免这种两败俱伤的纷争。父母必须合作,统一口径。我们可以从离婚的家庭那里学到太多的教训。

* 你不是和孩子离婚。如果孩子偷听了你们夫妻俩关于他的争论,他会认为是自己导致父母离婚。要告诉孩子,他不是离婚的根源,离婚不会改变你们对他的爱。
* 不要说前任的坏话。如果你和前任有分歧,你们私下讨论,不要公开在孩子面前说。
* 要让孩子知道你们没有破镜重圆的可能性。孩子越早停止父母还会在一起的幻想,就能越早治愈心灵的创伤,调整好自己。
* 你们还是一个团队。你是作为妻子或丈夫而离婚的,但作为母亲或父亲的角色不变。要让孩子知道,他始终是你生命中最重要的人。

朱福权有话要说

我和萨拉的妈妈离婚了,但这么多年过去了,我们还能保持不错的朋友关系。我们很早就达成协议,不要在萨拉面前争吵。当要为萨拉的一些重大决策比如萨拉的教育或者健康做决定时,我们总是能达成共识。到最后,虽然我们不在一起生活,但因为萨拉,我们都在尽力好好相处,承担好我们当父母的职责。

孩子需要什么

对于一段糟糕的婚姻,离婚已成定局,孩子会更容易理解。尽管我们有太多的理由不支持离婚,但我们也不会坚持父母为了孩子不离婚。有一个45岁的妈妈,她的父母在她二十几岁才离婚,她说:"如果我的父母在我年幼的时候离婚就好了。他们一直相处不来,总是打架。我的童年充满了痛苦的回忆和内疚,我多希望自己能忘记这一切。"

孩子希望从父母那里得到什么?

婚姻中的两个人都觉得自己不需要对方就可以养育大一个孩子,这些人是怎么了? 要更加敏锐地觉察孩子的需求,而不是自己的需求。下面是孩子想从父母那里得到的。

* 我希望你们都能参与到我的生活中来。即使你们不住在一起了,也可以给我写信、打电话和问我一些问题,比如我和谁待在一起,我的喜好是什么,等等。如果你们不参与到我的生活中来,我就会觉得自己不重要,你们不是真的爱我。
* 请停止争吵打闹,想办法和对方好好相处。涉及我和我的需求的问题时,麻烦尽量保持一致。如果你们因为我而争吵,那么我就会认为是我做错了什么事,会因此感到十分内疚。
* 我希望能好好爱你们俩,享受和父母单独在一起的美好时光。在我单独和爸爸或妈妈相处的时候,我希望另一方能支持我。如果你们中的一个表现出妒忌或不安的样子,我就会觉得我必须站队,要爱一个人胜过另一个人。

> * 请和你的前任直接交流,这样我就不需要来回传话了。我希望你们能直接对话,这样可以通过正确的渠道交流,我也不用担心会把事情搞砸。
> * 在讨论我的另外一个家长时,请只说好话,或者什么都不说;当你说对方的坏话时,我就会觉得你希望我站在你这边。
> * 请记住,我希望你们俩都能参与到我的生活中来。我希望爸爸和妈妈能一起养育我,当我遇到困难时,你们会帮助我,告诉我什么是重要的。①

制订计划

说起来容易做起来难,你和前任要制订出计划。不管是把这些写进离婚协议书中,还是在每月的例会讨论上,你们俩都要就孩子的需求、健康和消费习惯等进行沟通,从而做出适当的改变。

要承认作为父母,你需要学会自己调节压力,关注心理健康。如果身边有心理治疗师来帮助你就最好不过了。训练有素的调解

---

① 选自 Kim Leon, Kelly Cole. *Helping Children Understand Divorce*, University of Missouri Extension, March 2014, http://extension.missouri.edu/p/GH6600。

第十章
为意外做准备

员也可以帮助你制订一份保持稳固的亲子关系的计划。

尽管离婚对父母和孩子而言都不是一件愉快的事情,我们还是可以做一些事情,确保离婚后在抚养孩子以及财务等问题上能更加顺畅和舒心。

处理财务突发事件

总有一些时候,生活中的平静会被打破,也许是收到了粉红色的解聘通知书,也许是你还没做好准备就怀孕了,抑或是在身体很棒的情况下突发意外事故或者得了不治之症。这些大事件的发生都会影响你未来的财务状况,所以你需要让整个家庭和孩子都参与进来,去面对全新的财务状况。

最好的办法是有备无患,防患于未然。

做好准备

防范财务危机,首先要有足够多的抵御危机的资金,一般是相当于你六个月的工资收入。如果你是单身,或者你有家庭,但只有一个人挣钱养家,那么防范危机的金额要提高到一年的工资收入。这些资金可以保障你从危机中恢复过来。在处理一些事务比如失业、患病或者其他影响你收入的事情时,如果兜里有钱,你会心安很多。

其次,你和配偶要有足够的人寿保险。这些人寿保险可以保证在你或你的配偶过世后,在世的一方依然有足够的钱用以消费。如果你有孩子,这些保险可以支付孩子在学校里的教育费用和生活开支。对有孩子的家庭而言,拥有人寿保险是至关重要的。

最后,你要有足够的医疗保险,包括住院保险和重大疾病保险。很多没有医疗保险的人无异于在赌博,因为他们觉得自己现在很健康,根本不需要医疗保险。殊不知一旦得了重病或者出了事故,医疗账单上的数目是相当吓人的,这时的你如果没有医疗保险,你会发现自己很快就负债累累。

你还需要为你的房子买按揭保险。如果你每月需要支付一大笔按揭的话,一旦你失业、患病和死亡,你的家人就会陷入严重的困境之中。

倒霉事只会落到别人头上

我们中很多人都会想当然地认为倒霉事只会落到别人头上,而不是自己头上。但是,你要想到:

* 你在 65 岁之前,有 80% 的概率会经历一次伤残事故,至少会让你有 90 天甚至更长的时间不能去上班。[①]
* 你有 90% 的概率会死于一些重病,比如癌症、心脏病和肺炎。[②]
* 你很有可能在你的工作生涯中经历一次或更多次失业,需要花费 3—12 个月甚至更长的时间去找到另一份工作,这

[①] Ron Lieber. "The Odds of a Disability Are Themselves Odd". *The New York Times*, 5 February 2010. 在这篇文章中,作者发现有时候伤残概率的数据好像被夸大了,但他并不认为伤残保险是一个好的解决方案。

[②] Ministry of Health Singapore. "Principal Causes of Death". www.moh.gov.sg.

还要取决于你的年龄。①

当意外发生

你可以尽最大努力做一些计划,但当不幸确实发生时,其实没人能完全准备好。当意外发生后,你需要:

* 盘查清点。迅速掌握自己的财务状况。算一算每月的消费总额,做一个预算,看看你的存款还能维持多久。如果你以前买过保险,现在就能指望这个拿到一些现金。如果你以前很努力地存钱,现在就可以动用你的危机基金了。
* 让家庭成员参与进来。孩子们并不需要知道你失业或者病情的细节。但是,他们需要明白削减开支的重要性。不要为了保护他们而不在他们面前讨论财务状况或者病情。在你需要的时候,家里团结一致能带来很多好的结果。你可以用一些他们能明白的语言解释给他们听,比如以前一个星期可以出去吃三次比萨,现在只能去一次。或者安排一下探视时间,确保在你生病期间家人都会来探望你。
* 不要动用你的退休金。动用退休金从来都不是一个好办法,那些钱是用来防老的。一旦你动用了退休金,就有可能填不回去,除非你借钱填补,但这样的话,你每月又有另外的账单要支付了。

---

① Sara Rix. "Unemployed for the Long-term: It doesn't Seem to Get Any Better". *Huffington Post*, 20 April 2014.

和死神打交道

现如今,由于卫生保健和饮食的条件越来越好,很多人都能活到 80 多岁甚至更长。这些数据都会让我们进入一个误区,那就是误以为我们都能活到 80 多岁才会过世。到那时候,我们的孩子早已成人。但是,如果你的判断是错误的呢?你是否曾经想过自己也可能会英年早逝?那孩子们该怎么办呢?

有调查显示,在 5—16 岁的儿童中,每 29 人就有 1 人会经历父母或者兄弟姐妹的死亡。[1] 这就意味着孩子及其同学当中有人已经历过这种伤痛了。你能想象得出,即便对大人来说,这一切都是很难接受的,何况孩子!悲伤不只是存在于葬礼后的那几个星期,而是会延续到后面的日日夜夜。

和孩子谈论死亡

孩子们需要知道死亡的真相。告诉他们"爸爸要出趟远门去旅行"会让他们更加恐惧和困惑。他们也许会认为爸爸抛弃了他们。

直接告诉他们事实——"爸爸已经死了,我们相信他去了天堂。天堂很美,但我也很想他,我多希望他能和我们多待一会儿。他应该也很想多和我们待一会儿。"帮助孩子们说出丧父带来的悲痛情绪。让他们看到你恸哭也不要紧。

和我们一样,孩子们需要了解究竟发生了什么,以及我们如何

---

[1] Shelley Gilbert. "Helping Children to Cope with the Pain of a Parent's Death". *The Guardian*, 4 May 2013.

帮助他们。告诉孩子们大人得了什么病,即使是很严重的、已经到了晚期的病,比如癌症或白血病,在治疗过程中也应该告诉孩子们可能的结果。如果只是个事故,要让他们知道发生了什么,后续会发生什么。只有更多的准备才不至于让他们的情感失控。

> **朱福权有话要说**
>
> 　　我父亲 2014 年下半年过世了,当时萨拉正在美国亚利桑那州准备迎接期末考试。她和爷爷关系一直很亲密,所以我很害怕告诉她真相。事实上,我想等她考完了再告诉她。但是,她妈妈坚持认为她有权利知道。萨拉很难接受这个事实,开始逃课。我们一天要打好几次电话跟她保持联系,向她解释我所知道的每个细节。等萨拉暑假回到新加坡,我们会一起去缅怀爷爷。我们每年都会去骨灰堂扫墓,去翻阅我们最喜欢的照片,分享最美的回忆。
>
> 　　即使是我这个年纪的成人也不能从容地面对死亡,更何况孩子。但是,保护萨拉的举动无疑是错误的。

孩子对待死亡的态度不是千篇一律的

孩子们对死亡和弥留之际的理解都是很独特的,其态度取决于他们的成熟度、个性以及即将离世的人与他们的关系亲密度。

* 在学龄前,孩子能觉察到大人的悲伤,但还不能理解死亡

的含义。他们也许会认为死亡是可以逆转的,以为睡一觉就能醒来。
* 在 10 岁左右,孩子开始明白死亡是最终结果,是不可逆的。他们能理解如果大型飞机掉下来,人就会死。
* 在十几岁的年纪,大部分孩子已经完全明白死亡的意义。孩子在青春期面临着同伴的压力,他们处在一个比较危险的阶段。如果他们会向朋友和家人寻求慰藉,那是值得庆幸的。如果他们变得畏缩和消极,则要密切关注。悲伤期过长是一个信号,表示他们在家里和学校需要受到更多的关注。心理治疗也是一种办法,能让他们在一个相对安全和中立的环境下释放情感。

孩子们对死亡的不同反应,取决于谁离开了这个世界。
* 双亲去世。当孩子们最重要的抚养者去世,而你又不能把事情藏着掖着,这对他们的打击是相当大的。如果你是那个在世的家长,那么你必须先调整好自己的情绪,坚强起来,越早帮助孩子们回归正常的生活越好。要向他们保证你是无论如何都不会离开他们的。你必须回到工作岗位上去挣钱养家,同时你还要找一个人来承担照顾者的角色,可以是保姆,也可以是祖父母。最重要的是,你要花更多的时间和孩子们待在一起,帮助他们适应新的生活。
* 祖父母去世。与失去父母和兄弟姐妹比起来,失去祖父母

一般不会让孩子们觉得难以承受。孩子们都能明白祖父母年纪大了，当人年纪大了，去世是正常的。
* 兄弟姐妹去世。当兄弟或姐妹离开这个世界，这种心灵上的创伤和父母去世一样，甚至还要严重。兄弟姐妹也许是孩子最亲近的人。他们从小一起玩耍，共居一室。你因为悲伤而不能自已时，要想到你的孩子或许更需要你的关注。

一些成人认为不应该让孩子接触到死亡。他们不让孩子参加葬礼，在孩子面前也尽量不哭。他们还会编一些故事，以保护孩子不受伤害（如"奶奶出远门了，我们要好久都看不到她了"）。他们会避免谈论有关逝者的事情。

尽管这样做都是出于好心，但难有好的效果，反而会起反作用。同大部分话题一样，和孩子谈论死亡应该诚恳而直接。孩子和大人一样，失去亲人时会悲痛不已。他们需要和别人分享情感，和别人诉说他们有多怀念离世的人。到了上学的年纪，他们通过看电视和从朋友那里听说，已经直接或间接地接触过死亡这一话题。死亡不应该被掩盖和隐藏起来。

要帮到你的孩子，你需要在深爱的家人去世时坦然面对自己的悲伤情绪。你伤心时让孩子看到你哭没有什么不妥，他会因此明白你没有掩饰自己的情绪表达，他这样做也就更加容易一点。

小测验

你和 12 岁的艾娃一起努力攒钱,因为她想买一部新的智能手机。她和你前夫在一起过了周末,回家时带回一部新手机,就是她一直存钱想买的那款,她为此兴奋不已。你会:

a. 把手机拿来还给你的前夫。
b. 如果前夫不改变他和孩子相处的方式,你就不让艾娃去见他了。
c. 和前夫沟通,要他和你一起合作,齐心协力。
d. 让她保留手机,但是让她每月从自己的储蓄里拿出钱来支付一部分买手机的费用。

(a) 1 分　(b) 1 分　(c) 3 分　(d) 3 分

对孩子而言,你和前夫永远都是家长的角色。同前夫争吵和意见相左对养育孩子没有任何好处。这是极具破坏性和极为自私的举动。不让艾娃去看前夫不是好办法,不利于孩子的成长,因为孩子需要爸爸。也许她会因为不能和爸爸在一起而憎恨你。你和前夫必须表现得像成熟的父母一样合作。前夫在买手机这种特别贵重的物品之前,应该先问问你的意见。用让孩子把手机还给他来惩罚他,只会让关系更紧张。你可以让孩子留下手机,但要从她存的钱里扣除买手机的钱,这么做需要告知你的前夫,让他支持你这么做。

第十一章

留下一份有意义的遗产

我们生活在这个时代确实是福气。现在的人均寿命超越了历史上的任何年代,经济增长带来了大量的中产阶级家庭,他们能买得起房子、车子和各种家电。

比如,新加坡是世界上最富有的国家之一(好几个调查中,新加坡都排在前五),我们的人均寿命也稳居前五(超过82岁)。然而,巨大的财富和高寿也带来了一些令人烦恼的社会问题。离婚率在攀升,精神上无行为能力者发病率越来越高,被宠坏的子女为继承遗产而争吵反目的发生率也在升高。

将太多的财富留给子女的后果是极其严重的,父母要提前想到这些。子女得到的太多,长大了就会觉得一切都是理所当然的,长此以往,他们便会养成依赖心理,没有责任感,缺乏和他人相处的技巧。

这一章里,我们会讨论如何和家中被宠坏的孩子打交道。我们还会讨论财产的分配,制订一份计划,以便在百年之后将遗产留给子女,既满足他们财务上的需求,又不会因为给予他们太多而宠坏他们,从而确保正确的家族理念能代代相传。

和被宠坏的孩子打交道

如果你宠孩子,将来就会明白,他们在你和别的成人面前举止粗鲁,不愿意和别的孩子分享,颐指气使,总是要求自己排在第一位。

很多家长对于怎么和这样的孩子打交道毫无头绪,工作和家务已经让他们筋疲力尽。屈服于这些吵闹的孩子要比管教他们来得容易,但是家长们要清楚——宠坏孩子的结果是非常糟糕的。

第十一章
留下一份有意义的遗产

当这些被宠坏的孩子到了十几岁的时候，他们更容易表现出过分的自我关注、缺乏自控力、焦虑和萎靡不振。如果孩子小的时候你给予过多，他们就会变得对任何事情都不满意。所以，该从哪里开始呢？你可以采取下列步骤来重新获得控制权。

* 要下定决心不再惯孩子。你必须下定决心，不能半途而废。你稍有迟疑，孩子就能感受到你的犹豫，从而继续来控制你。
* 说到做到。一言既出，驷马难追。
* 要严格管教他们。要避免在一些日常琐事比如打扫房间和睡觉问题上解释为什么。如果按时上床有问题的话，那么接下来的 24 个小时不许看电视。

祖父母最宠孩子吗?

如今的祖父母辈健康指数和财富指数都很高,他们也因为对孙辈过于大方而饱受争议。

达成平衡

我曾告诉孩子们,如果他们想要买游戏主机,得自己攒钱去买。可爷爷奶奶来了就直接给她们买了一台。虽然我让孩子们收下了礼物,但内心并不开心。

祖父母和自己的成年子女要在祖辈为孩子买礼物带来的满足感与父母有权说买的已经够多了之间达成平衡。

给祖父母做规矩

你应该告诉自己的父母来的时候如果带小礼物,请随意。或者他们来的时候,可以计划和孙辈一起去做一些事情,如看电影、烤曲奇、野餐。如果他们坚持要买东西,要让他们在一个规定的预算中买。这样他们既能控制开销,也能在一起共享美好时光。

至于大的礼物,你爸妈应该事先咨询你,只有在一些特殊场合,比如孩子的生日,他们才可以送礼物给孩子。如果他们给钱的话,不要全部没收,让孩子花掉一部分,其余的存起来。

第十一章
留下一份有意义的遗产

孩子希望父母有父母的样子

父母最重要的角色是帮助孩子了解这个世界是如何运转的。在真实的世界里,并不是你想要什么就能得到什么。如果你在孩童时期经历过这些,成人之后会更容易适应这个世界。

邱缘安有话要说

和大多数夫妇一样,我和妻子在给我父母和岳父岳母立规矩时也遇到很多困难。诚然,我们的父辈不止一次因为买礼物宠坏孙辈而懊悔过。经过很多次的促膝深谈,他们最终答应遵守我们的规则,不去惯坏他们。我们的孩子也开始明白,即使去爷爷奶奶、外公外婆家,也不能逾越我们的规则。

要想把孩子养好,所有大人在孩子面前口径一致,不给出相互冲突的指导意见是相当重要的。如果意见相左,应该在孩子看不到的地方先解决好,同时父母要有最后的决定权,因为最终父母是要为孩子负责的。

有一件事情一直激励着我努力工作,从不期望从我的富爸爸那里得到任何东西。那是我12岁的时候,他跟我这样说:"儿子,我非常爱你,但是你不要指望我离开人世的时候给你留下任何东西。我的钱会花在我自己身上,剩余的钱会捐给慈善机构。"他继续说道:"你生长在富裕之家(有佣人,有泳池)。如果你以后也想过得这么舒服,不要想着依靠我。我除了爱和建议,

> 什么都给不了你。"我打内心深处明白,我没有了安全保障,因此便有了自己创造财富以确保未来的欲望和紧迫感。所以,我将来也会同我的女儿们说同样的话。尽管我百年之后会留一部分财产给她们,但在此之前,我不会让她们知道。她们想的是必须自己准备好,因为她们从我这里什么都得不到。这样才能确保她们长大之后不会认为这一切都是她们应得的。

如果没有遗产计划,该怎么办?

和性一样,死亡也不是一个可以和孩子们边吃边聊的话题。但是,他们需要知道万一你和配偶发生了意外,你为他们准备了什么。这些包括你的遗嘱、信托、保险、财务文件以及如果你们都不在世了,谁来照料他们。

假设你过世时的净资产是 200 万新元。注意,我们现在讨论的不是你现在的净资产,而是你去世时的净资产。如果你是新加坡人,一般会拥有一套新加坡建屋发展局下的公寓,或者一套私人公寓;有 5 份以上的保险,有若干个投资和银行账户。如果是现在过世,你的净资产很轻松就超过 200 万新元,甚至还要更多。①

---

① 不管是新加坡人、马来西亚人还是澳大利亚人,过世时净资产达 200 万新元应该是大部分中产阶级和富足人群的门槛线。对于高净值人群,他们的去世后净资产还要高,而且他们在亚太地区的人口比重比世界上任何一个地方增长得都要快。凯捷集团的财富报告显示,亚太地区的高净值人群每年以两位数的速度递增,如 2013 年的增长速度为 17.3%。

第十一章
留下一份有意义的遗产

现在假设你没有任何规划，比如没有纸面的遗嘱，那么你一旦去世，你的财产就要根据你所在国家的法律进行分配。如果在新加坡，50%要分给配偶，剩下的50%会平均分给子女。①

你可以发现这里存在两大问题。首先，你的财产不一定是按照你的意愿分配的——如果你希望自己的父母也继承一部分呢？如果你希望捐出一部分给慈善机构呢？第二，也是非常可怕的事情，你的孩子虽然才十几岁，但突然就变成了百万富翁，无须工作了。不写遗嘱就等于给了孩子一张中奖的彩票。

---

① 这是基于新加坡无遗嘱遗产继承法令（第146条）中针对非穆斯林家族的规定。

> **不要让孩子去赢彩票，这可能会带来灾难**
>
> 16岁的时候，凯莉·罗杰斯(Callie Rogers)成了英国历史上最年轻的彩票头奖获得者。之后，她辞了工作，夜夜笙歌，沉迷于派对、整容、度假和礼物。财富没有给她带来幸福，却让她陷入孤独和无助，她甚至企图自杀。她说："一直以来，我都活得没有方向。"
>
> 幸运的是，她最终走出了生活的泥潭。10年后，她26岁，银行账户里只有2 000英镑——但她觉得从来没有这样快乐过。现在，她和父母以及儿子住在简朴的家里。她每周上两天班，照顾老人，并在学习当一名护士。①

遗产规划的基本操作

遗嘱和信托是考虑遗产规划时最基本的文件。

你未来如何照料好你的孩子

在遗嘱里，你不仅要列出你的资产如何分配，谁来执行你的指令，同时也要写清楚你要如何照顾好孩子，直到孩子成年，可以自力更生。

通过回答以下问题，你可以明白一份好的遗嘱如何能把孩子照顾得很周全。

---

① 节选自 Eleanor Harding. "My £2m Lotto Won at 16 Was a Curse". *Daily Mail*, 15 July 2013。

* 谁是执行者？遗嘱的执行者一定是你信任的人，能够保证你去世后按照你的意愿行事。
* 谁是你孩子的监护人？如果你没有留下遗嘱，而你的配偶也不在世，法院将会判决谁将取得你孩子的监护权或抚养权。
* 你的孩子在财务上怎样才能被照顾好？你的资产和保险是否足够支付孩子的生活和教育费用？
* 你计划如何在你的子女和受益人中分配资产？你是希望他们一次性拿到你的遗产，还是分步骤拿到？

写完遗嘱后，每隔一些年更新一下。情况在不断变化，可能你买了新房子，添了孩子，或者购入了别的资产。在更新遗嘱时，这些都要考虑进去。

把你的遗嘱解释给孩子听

和孩子讨论你的死亡可不是一个轻松的话题。要是孩子还年幼的话，这件事情可以慢慢推进。

朱福权有话要说

如果你已经结婚生子，却没有写遗嘱的话，一旦去世，你的父母将继承不到任何财产。对大部分人来说，这都是不可接受的，但在很多国家，法律确实如此规定。有了遗嘱，你的遗产除了留给配偶和子女以外，还可以留一些给父母、慈善机构、外甥甚至好朋友。如果没有这份法律认可的文件，绝对是大大的失策。

可以这样向孩子解释遗嘱：这是一份手写的规划，上面写清楚了万一父母遭遇什么不幸，孩子应该如何被安顿。

此外，要补充说明一下，这份遗嘱要等你很老了，孩子都成人了才可能会有用。这份文件只是以防万一。

延迟的分配考虑信托

如果你的净资产有好几百万甚至更多，而你还有未成年子女，那么应该考虑信托。如果遗嘱里的分配都是你去世后马上要兑现的，那么请考虑以下一些情况：

* 你儿子虽然才21岁，但突然就变成了百万富翁。继承了这么多遗产，他有可能会辍学，决定这辈子不工作了。
* 你的配偶可能会再婚，那么你辛辛苦苦积攒的资产有可能会落到你没有考虑过的人的手中。

信托是一种特殊的工具，资金基于你目前设定的条款进行分配或延迟分配，条款日后亦可修改。

* 你儿子每年可以拿到3万新元用于日常开支。毕业后，他将一次性拿到5万新元。为了一直能从信托中拿到钱，他必须有一份合适的工作。
* 你配偶的日常开支和医疗开支可以从信托中支付，但其他人不可以。

和大多数人想的相反,不是非要成为百万富翁才需要信托。你可以在自己的遗嘱中增加一条信托条款。比如,你可以通过以下方式给你女儿留20万新元。

> 我每年给2万新元给女儿,至早从她25岁开始,持续10年。她可以自行决定如何花钱。

这种信托叫身后信托,只有在当事人去世后才成立。还有一种信托叫生前信托,是在当事人没去世前就可以成立的。

有各种各样的遗嘱和信托,总有一款能满足你特定的需求,你应该向该领域的从业人员如资产规划师或者律师咨询。

共同起草一份最初的遗产规划

下面的案例可以帮助你拿起笔来,写下自己规划中的一些想法。你应该着重关注如何规划,先把技术和法律问题放在一边。立马考虑技术细节会让你忘了你原本的真实想法。

拿出一张纸和一支笔

将一张A4大小的纸按照第155页上的图示分成四个象限。那是邱缘安在45岁的时候以他的家庭为模板做的一个案例。他的妻子贝蒂当时40岁,两个孩子分别为10岁和8岁。

A 象限——列出你主要的受益人

在 A 象限,邱缘安画了一棵受益人树。这棵树代表万一他过世他希望能受益的人。他和妻子有两个孩子,他的双亲都还健在,他妻子的父亲已经过世。

B 象限——列出你的资产

下一步,列出你的资产。资产的拥有权是继承问题上要考量的重要因素。你的资产或说你所拥有的财产主要可以分为两大类:(1)不动产,比如房子、土地;(2)可动资产,比如银行账户、股票、保险、珠宝、自行车和古董。资产可以分为独自拥有、共同拥有或挂在公司或者信托名下。

邱缘安拥有的大部分资产都在新加坡,但他在英国还有银行账户和公寓。邱缘安估计自己的净资产大约有 320 万新元。

C 象限——列清楚立即要送出的礼物

邱缘安打算万一他去世了,赠予他的父母 20 万新元现金。剩下来的 300 万新元留给妻子和两个孩子。余下的资产,他希望妻子和两个孩子各能拿到三分之一。那么,邱缘安需要写一份遗嘱,让这些礼物立即兑现吗?

如果他在近几年过世的话,他那两个年幼的孩子年纪轻轻就会成为百万富翁。

第十一章
留下一份有意义的遗产

D象限——列清楚需要推迟的礼物

和资产规划师交谈过后,邱缘安决定推迟把遗产送给孩子们。万一他去世,孩子们尚年幼,他希望拿出100万新元授权给受托方或信托公司。受托方既可以是人,也可以是机构,他们会在邱缘安去世后在特定的时间内为孩子们保管这笔钱。邱缘安希望信托公司每个月最多支付孩子们1万新元,用以支付日常消费、住房、教育和医疗等方面的费用。当他的两个孩子分别都满了30岁,剩余的钱可以给到她们。

A. 你的受益人树 我的父母　　妻子 两个女儿	B. 你的资产 可动资产　　　　不动产 新加坡的银行账户　新加坡的私人公寓 英国的银行账户　　英国的公寓 投资 保险
C. 立即兑现的遗产 我死后,给我自己的父亲和母亲各10万新元	D. 推迟的遗产 主要目标:希望孩子们到30岁再继承遗产 什么时候分配:一个月最多支出1万新元,用以支付日常消费、住房、教育和医疗等方面的费用

图1　一份简单的遗产规划

上面的案例只是个简化的版本。实际生活中,你有可能拥有海外资产,这些还需征收遗产税和房产税;你也可能和别人拥有共有的资产,或者有资产在公司名下;你也可能留了一些钱,预防万一孩子们将来破产。你也可能有银行贷款,或者你想给几个慈善机构留点礼物。这些情况都需要更细致的规划。

小测验

1. 10 岁的卡莱布在牛排店大发脾气。他想跳过正餐直接吃甜点。你会：

a. 继续吃你的饭,忽略他的需求。

b. 告诉他,他一个星期不准看电视。

c. 向他投降,因为他这么做让全家人都很难堪。

d. 从餐馆出来,不吃饭了,直接回家。

(a) 3　(b) 3　(c) 1　(d) 2

如果你放任卡莱布的行为,他就会在朋友、表兄妹和祖父母面前玩同样的把戏,那么很快就没有人愿意和他一起玩了。告诉他看电视的权利被收走了,请务必说到做到。永远不要假惺惺地威胁。除非他在餐厅里尖叫,闹出太大的举动,否则尽量继续吃你的饭,忽略他的要求。他需要明白,在真实的世界里,他不可能得到所有他想要的东西。从餐厅里走出来意味着大家都得挨饿。尽管这种做法有点极端,但卡莱布需要明白,他自己不好的行为影响了全家人,而不仅仅是他自己。

2. 你去世的时候净资产大约有 200 万新元,包括你的保险、房产、银行储蓄和汽车。几年前,你写过一张简单的遗嘱,将一半资产留给 40 岁的丈夫,还有一半留给 14 岁的儿子。这是你分配资产的主要方式。你的遗嘱还有什么潜在的问题呢?请在符合的选项上打钩:

a. 你儿子的监护权问题。万一你和你先生同时去世呢？
b. 让陌生人受益。你丈夫能继承你的遗产之后再婚，那么别人就能得到你的钱。
c. 毁掉孩子的生活。你儿子在 21 岁就能得到遗产，为此他有可能放弃学业，他有可能花天酒地，结交一些只看上他钱的酒肉朋友。
d. 别的受益人。你没有考虑留一部分钱给你的父母，或者你最喜欢的慈善机构。

去世前，你需要考虑以下这些事情：孩子的监护权、配偶会再婚，或者孩子会挥霍你的财富，耗费掉他们的生命。如果不考虑上述这些以及别的一些问题，只写一张简单的遗嘱，对家庭未来的财务是很有害的。对很多家庭而言，信托基金应当被列入计划中，这样你的财产分配是基于一些特定条件的。当家中有重大事件发生比如新的婴儿出生，或者添置了新的资产，或者家中有人过世，要确保每隔几年重新盘点一下你的资产状况。

结语

如果你已经宠坏了孩子，你得做些努力来扭转乾坤。要不屈不挠地让孩子参与到家务劳动中去。要记住，如果他们把这种理所当然的感觉带到成人世界，恶果将会长期存在。

如果你即将离开人世，自然不希望孩子过早地继承太多财富。

也许你已经把他们培养得很好，对待金钱非常谨慎，但你控制不了他们身边那些打着坏主意的人。千万不要心怀侥幸。先做好遗产规划，后面可以慢慢修改。这样你便可以高枕无忧，即便是你不在世上，你的金钱和你想传递的家庭信念也都能稳妥地传递给你的后代。

图书在版编目(CIP)数据

养育高财商孩子：不仅关乎钱/(新加坡)邱缘安，(新加坡)朱福权著;陈珊珊译.—上海：上海教育出版社,2019.1
(教子有方系列)
ISBN 978-7-5444-8905-8

Ⅰ.①养⋯ Ⅱ.①邱⋯ ②朱⋯ ③陈⋯ Ⅲ.①家庭教育 Ⅳ.①G78

中国版本图书馆 CIP 数据核字(2018)第 301898 号

责任编辑　廖承琳
封面设计　王　捷
插　　画　廖竞舸

Yangyu Gao Caishang Haizi: Bujin Guanhu Qian
养育高财商孩子：不仅关乎钱
[新加坡]邱缘安　[新加坡]朱福权　著
陈珊珊　译

出版发行	上海教育出版社有限公司
官　　网	www.seph.com.cn
地　　址	上海永福路 123 号
邮　　编	200031
印　　刷	上海叶大印务发展有限公司
开　　本	889×1240　1/32　印张 5.5　插页 1
字　　数	105 千字
版　　次	2019 年 1 月第 1 版
印　　次	2019 年 1 月第 1 次印刷
书　　号	ISBN 978-7-5444-8905-8/G·7369
定　　价	39.00 元

如发现质量问题，读者可向本社调换　　电话：021-64377165

Copyright © 2015，Marshall Cavendish International (Asia) Pte Ltd. All rights reserved. No part of this publication may be reproduced or transmitted in any form or by any means, or stored in any system of any nature without the prior written permission of Marshall Cavendish International (Asia) Pte Ltd.

The Simplified Chinese translation rights arranged with Marshall Cavendish International (Asia) Pte Ltd through Rightol Media Limited. (本书中文简体版权经由锐拓传媒取得。Email: copyright@rightol.com。)

上海市版权局著作权合同登记号　图字09－2016－624